JN216191

1時間でわかる
エクセル関数

木村幸子 著

技術評論社

本書について

「新感覚」のパソコン解説書

本書は「1時間で読める・わかる」をコンセプトに制作された、まったく新しいパソコン解説書です。「1時間でなにができる？」と疑問を感じているかもしれませんが、ビジネスの現場で必要とされるパソコンの操作はそれほど多くはありません。

ビジネスの現場で必要とされる操作に絞ることで、1時間で読んで理解することができるのです。

なお、**本書は1時間で理解する範囲として3章（108ページ）までを「必読」のパートとしています。それ以降の4・5章は「プラスα」のパートとして分けています**。従来のパソコン書は具体的な操作解説が中心ですが、本書はコツやしくみの解説に重点を置いています。移動時間でもサッと読めるように、縦書きスタイルの読んで・わかる新感覚なパソコン解説書です。

ビジネスの現場で使う関数はそれほど多くはない

「使ってみたけどよくわからない」と思ってしまって、エクセル関数を避けていませんか？

エクセル関数は４００を超えるものがあって、中には何に使うのかさえわからない難解な関数もあります。しかし、**一般的なビジネスの現場で利用する関数は、10も覚えれば充分**です。

また、４００を超えるエクセル関数ですが、それぞれ別々に使い方を覚える必要はありません。関数には「引数」や「戻り値」、「セル参照」という、しくみとコツを覚えてしまえば、ほとんどの関数を利用することができます。

本書は、ビジネスの現場に必須のエクセル関数に絞って使い方を解説しています。また、関数の理解にもっとも重要なしくみとコツを丁寧に解説しています。内容を絞ることで「１時間で理解する」という命題をクリアしています。

本書はエクセル２０１６／２０１３／２０１０を対象としています。

目次

1章 関数を理解する前に知っておくべきエクセルの操作

2章 基本の5関数を使って、関数の使い方を〝完全〟理解

5章 応用編 関数組み合わせ

[免責]

本書に記載された内容は、情報の提供のみを目的としています。したがって、本書を用いた運用は、必ずお客様自身の責任と判断によって行ってください。これらの情報の運用の結果について、技術評論社および著者はいかなる責任も負いません。

本書記載の情報は、2016年11月末日現在のものを掲載していますので、ご利用時には、変更されている場合もあります。

また、本書はWindows 10とExcel 2016を使って作成されており、2016年11月末日現在での最新バージョンを元にしています。ソフトウェアはバージョンアップされる場合があり、本書での説明とは機能内容や画面図などが異なってしまうこともあり得ます。本書ご購入の前に、必ずバージョン番号をご確認ください。OSやソフトウェアのバージョンが異なることを理由とする、本書の返本、交換および返金には応じられませんので、あらかじめご了承ください。

以上の注意事項をご承諾いただいた上で、本書をご利用願います。これらの注意事項に関わる理由に基づく、返金、返本を含む、あらゆる対処を、技術評論社および著者は行いません。あらかじめ、ご承知おきください。

[動作環境]

本書はExcel 2016/2013/2010を対象としています。

お使いのパソコンの特有の環境によっては、上記のバージョンのExcelを利用していた場合でも、本書の操作が行えない可能性があります。本書の動作は、一般的なパソコンの動作環境において、正しく動作することを確認しております。

動作環境に関する上記の内容を理由とした返本、交換、返金には応じられませんので、あらかじめご注意ください。

[商標・登録商標について]

本書に記載した会社名、プログラム名、システム名などは、米国およびその他の国における登録商標または商標です。本文中では™、®マークは明記しておりません。

1章

関数を理解する前に知っておくべきエクセルの操作

SECTION 01

関数ってどういうもの？

必読

エクセルの「計算」機能を発達させたもの、それが関数

そもそも「関数」とは何だろう？　それを考えるうえで欠かせないのが、エクセルが持つ「計算」機能だ。計算には、必ず使うと言ってよい頻度の高いものがあるだろう。たとえば、「合計」や「平均」の計算だ。

エクセルでは、セルに計算式を入力すれば自動で計算してくれる。だが、毎度毎度、計算式を律儀に入力するのは面倒だ。そこで、頻度の高い計算をすばやく楽に行うために考えられたのが関数だ。

関数とは、多くの利用者が頻繁に行う計算をすばやく行うために、あらかじめ用意された道具のことだ。この道具は、計算の種類に応じて、さまざまなものが用意されている。たとえば、合計の計算にはSUM（サム）関数、平均の計算にはAVERAGE（アベレージ）関数を、それぞれ用いる。計算や仕事の内容に適した関数を選べば、面倒な計算がすばやくできるのだ。

よく使う計算には関数が用意されている

	（単位：千円）
営業1課	3,450
営業2課	4,650
営業3課	4,270
合計	12,370

合計を求める関数を入力

	（単位：千円）
営業1課	3,450
営業2課	4,650
営業3課	4,270
平均	4,123

平均を求める関数を入力

SUMMARY

- 合計を求める関数 → SUM（サム）
- 平均を求める関数 → AVERAGE（アベレージ）

関数の基本的なしくみ

10ページでは「関数」について、多くの利用者が頻繁に行う計算をすばやく行うためにあらかじめ用意された道具だと説明した。でもこれだけでは、想像しづらい。そこで、関数のしくみについて、もう少しイメージを膨らませてみよう。

駅や通りなど、私たちが日ごろ街を歩けば、いたるところに見かけるのが「自動販売機」だ。関数とは、あの自動販売機に近いものかもしれない。自動販売機は、お金を入れると希望の商品が出てくるだろう。関数の仕事は、ちょうどそれと同じ「便利な箱」のようなものだからだ。

「合計」や「平均」などの計算をするには、材料となるさまざまな「値」が必要だ。これらの「値」を「関数」という便利な箱に投入すると、その「値」を使って、関数は箱の中で計算を行う。そして、計算の結果を戻してくれるのだ。

つまり、**計算に必要な材料を与えるだけで、計算自体は勝手に行われ、結果だけが戻ってくる**。このとき、箱の中では、どのような順番でどのような計算が行われているのか、それは私たちからは見ることができない。ただし、内部の処理を知らなくても支障はない。そういう意味で、関数は自動販売機を思わせる便利な箱だと言えるだろう。

関数とは、「値」を入れると「結果」を戻す箱

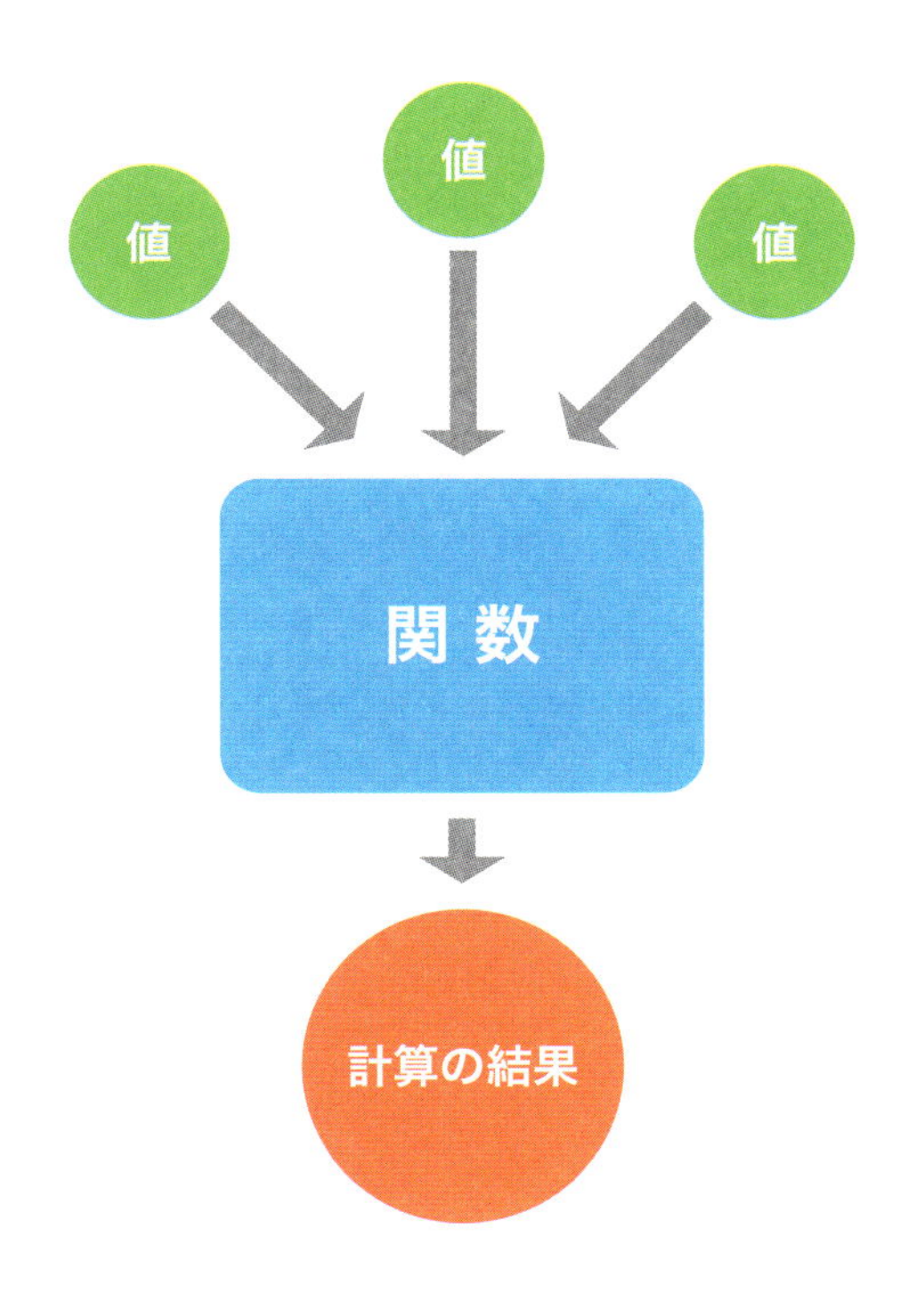

SUMMARY

「関数」とは、「値」(材料)を入れると、計算結果を戻してくれる特別な箱

関数を考えるために重要な2つの視点

それでは関数を使ってみよう…と行きたいが、ちょっと待ってほしい。関数を使う前に、頭の中でクリアにしておかなければいけない大事な確認点が2つある。

関数を使う前の2つの確認点。それは、①何を使って ②どういう計算をしたいのかという2点だ。

まず①からだ。シートに入力した表には、数字や文字がさまざまに入力されているだろう。この中で、計算に必要な材料となるデータが入力されているセルを確認しよう。これらのセルが関数の材料、つまり12ページで説明した「値」に相当する。具体例を挙げて説明しよう。左ページの例では、営業1課から営業3課までの売上金額を入力したセルがある。この3つのセルが①の計算の材料に当たる。

次に②だ。一口に計算と言っても実に多くの種類がある。必要な計算の種類が何なのかをあらかじめ確認しておこう。左ページの例では、営業1課から営業3課まで売上金額を合計するので、計算の種類は「合計」となる。

このように、関数を使う前に、「どのセルの値を使って」、「どんな計算をするのか」という2点を考えることが大切なのだ。

「材料」と「種類」の2点を決めておく

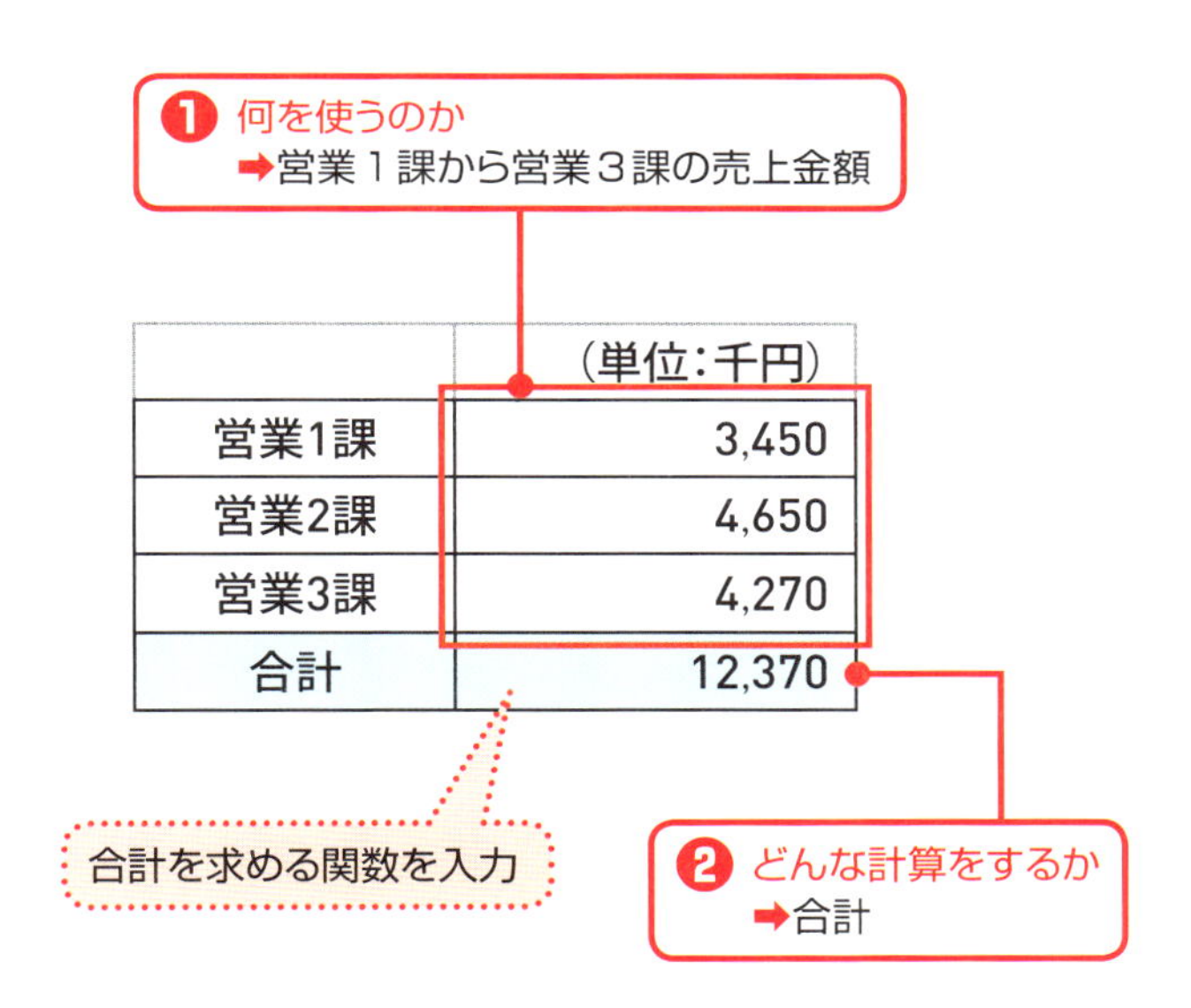

SUMMARY

 ❶ 何を使うか ➡ **計算の材料**

 ❷ どんな計算をするか ➡ **計算の種類**

SECTION 02

エクセルで計算する方法をおさらいしよう

必読

計算式は「＝」から始まる

エクセルユーザーには、計算式を自分で入力した経験がないという人が、実はとても多い。これは、職場ではすでに計算式が入力済みのシートが用意されていて、そこに数字を入力するだけで書類が完成する――そういう使い方をする機会が多いためだろう。そこで、本書では、関数の前段階となる計算式の話から始めることにする。

エクセルでは、計算式はイコール「＝」という記号で始まる。日常生活の算数では、「1＋2＋3＋4＝」のように、「＝」は最後に付けるのが普通だが、エクセルでは、この**「＝」を先頭に持ってくる**わけだ。

なお、関数は計算式の一種であり、「＝」が先頭に付くのは関数の場合も同様だ。「＝」が先頭に入力された段階で、エクセルは続く内容を計算式とみなす。したがって、この「＝」を忘れて「1＋2＋3＋4」とだけ入力した場合、それはただの文字になるため計算されなくなり、セルには「1＋2＋3＋4」とそのまま表示されてしまう。

なお、「＝」は半角で入力しよう。そもそも、**計算式の中に出てくる数字、アルファベット、記号類はすべて半角で入力するのが鉄則**だ。したがって、先頭の「＝」も半角だ。入力時には注意するよう心がけたい。

先頭に「＝」が付くと計算になる！

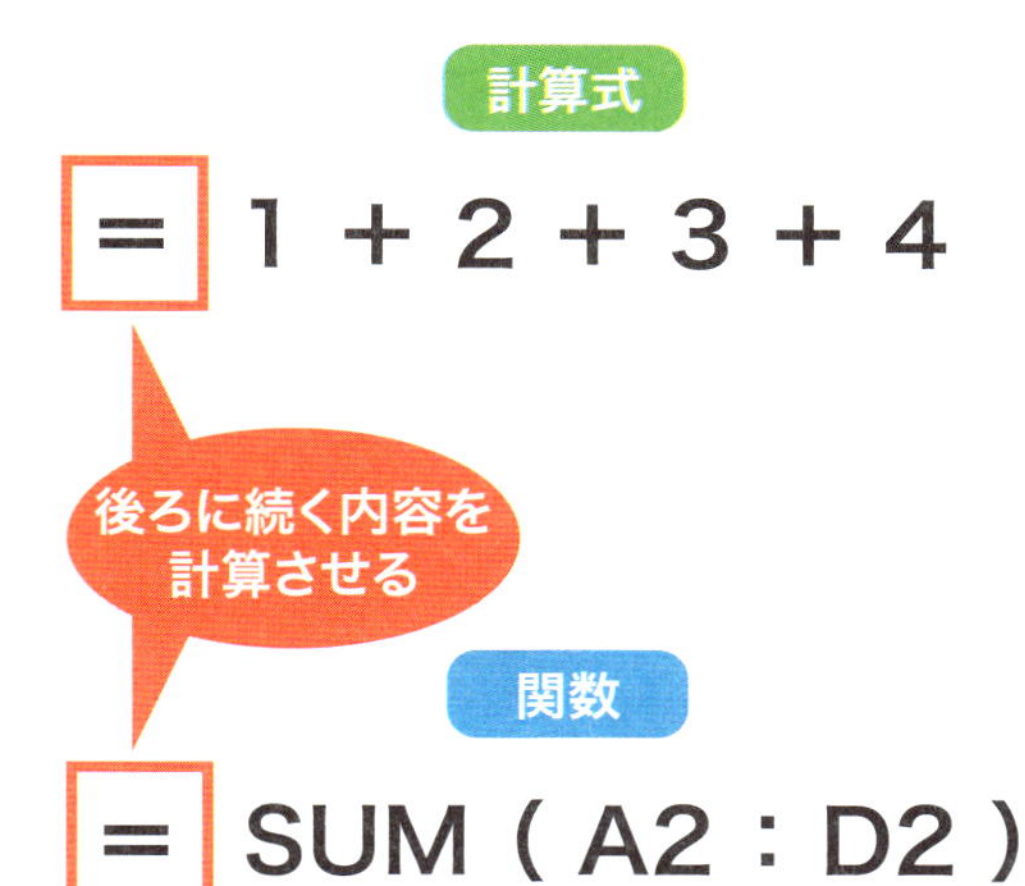

SUMMARY

エクセルでは計算式は
イコール「＝」で始まる

計算式に利用できる記号

ここで、左ページの上の例を見てほしい。計算の種類を表す記号を確認しよう。エクセルの計算式において覚えておくべき記号は、実はとても少ない。たったの4つだ。足し算をするにはプラス「＋」、引き算にはマイナス「－」、掛け算にはアスタリスク「＊」、割り算にはスラッシュ「／」をそれぞれ利用する。この4つを知っておけば、加減乗除の計算は問題なくできる。

計算式は左から右へと実行される。このとき掛け算と割り算は、足し算、引き算よりも先に計算される。したがって、左ページの真ん中の例「3＋2＊4」では、「2＊4」の部分が先に計算され、次に、掛け算の結果である「8」が冒頭の「3」と足し算されるので、結果は「11」となる。

計算の順序を変更するには、記号のカッコ「()」を使えばよい。カッコで囲まれた部分は計算の優先度が上がり、足し算や引き算であっても先に計算される。

なお、繰り返しになるが、**計算式の中に出てくる数字、アルファベット、記号類はすべて半角で入力が鉄則**だ。「＋」や「＊」といった記号類もすべて半角で入力しよう。

計算式に使う主な記号

記号	意味	使用例
＋	足し算	＝3＋2
－	引き算	＝3－2
＊	掛け算	＝3＊2
／	割り算	＝3／2

計算の順序は「算数」と同じ！

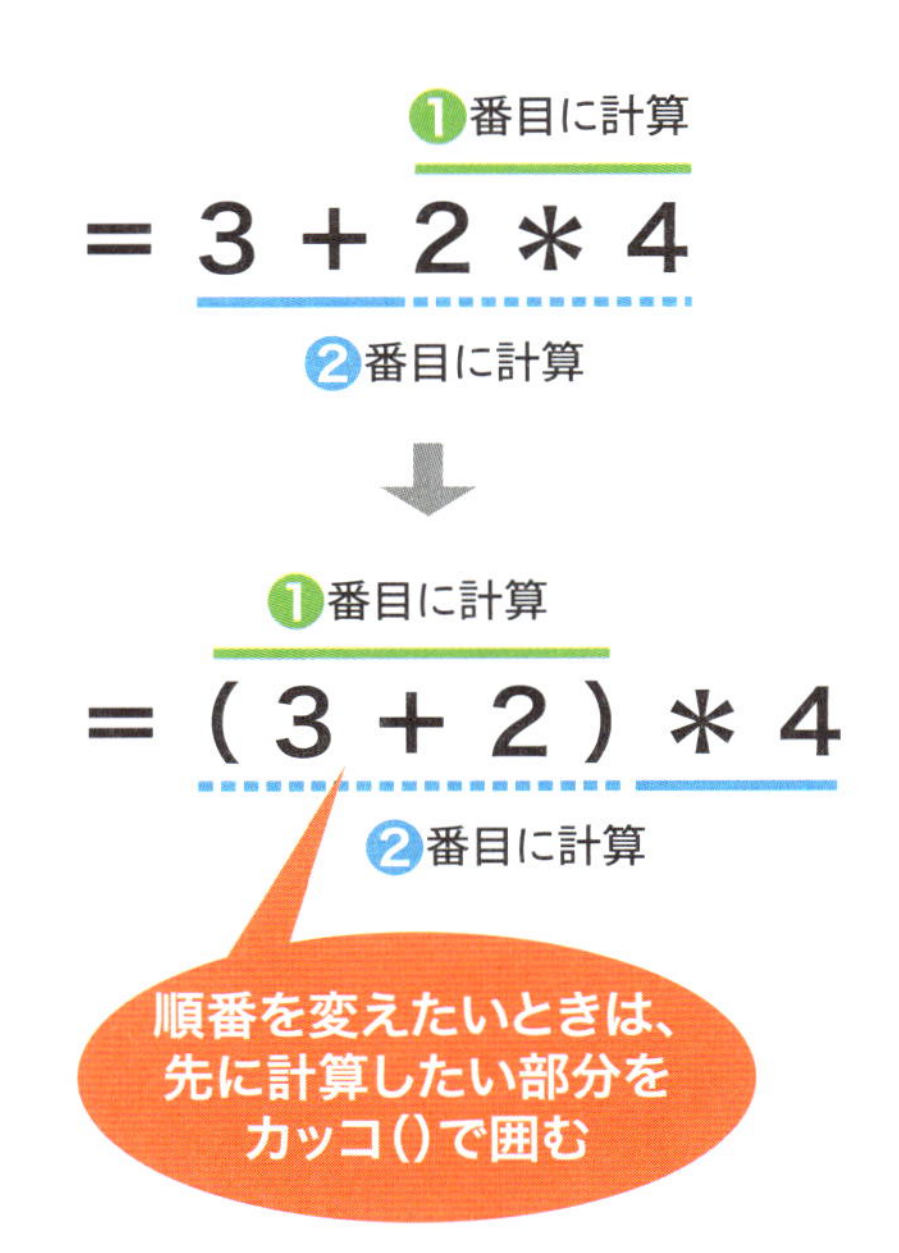

足し算を行ってみる

では、ここまで学んだことを生かして実践だ。実際に、セルに足し算の計算式を入力してみよう。

シート上で適当なセルをクリックして選んだら、**まずは先頭に入れるべき記号「＝」を入力**しよう。うっかりこの「＝」を入力し忘れると、続けて入力する計算式はただの連続した文字になってしまうのだ。ここで基本ルールを思い出して、計算式では、何をおいても最初に「＝」を入力する癖を付けておきたい。

続けて、計算に必要な数字や記号を順に入力する。ここでは、「1＋2＋3」というかんたんな足し算をエクセルにさせてみよう。まず、数字の「1」をキーボードから入力して、次に記号の「＋」を入力する。あとは、同様に「2」、「＋」、「3」と順番に入力すると「＝1＋2＋3」という計算式ができあがる。最後に Enter キーを押してみよう。

すると、セルには数字の「6」が表示されるはずだ。さて、この「6」は何だろう？お察しの通り、この「6」は「1＋2＋3」という計算の結果だ。これで、入力した計算式はエクセルによって正しく計算が行われ、その結果がセルに表示されたことがわかるだろう。

足し算の式を入力してみよう

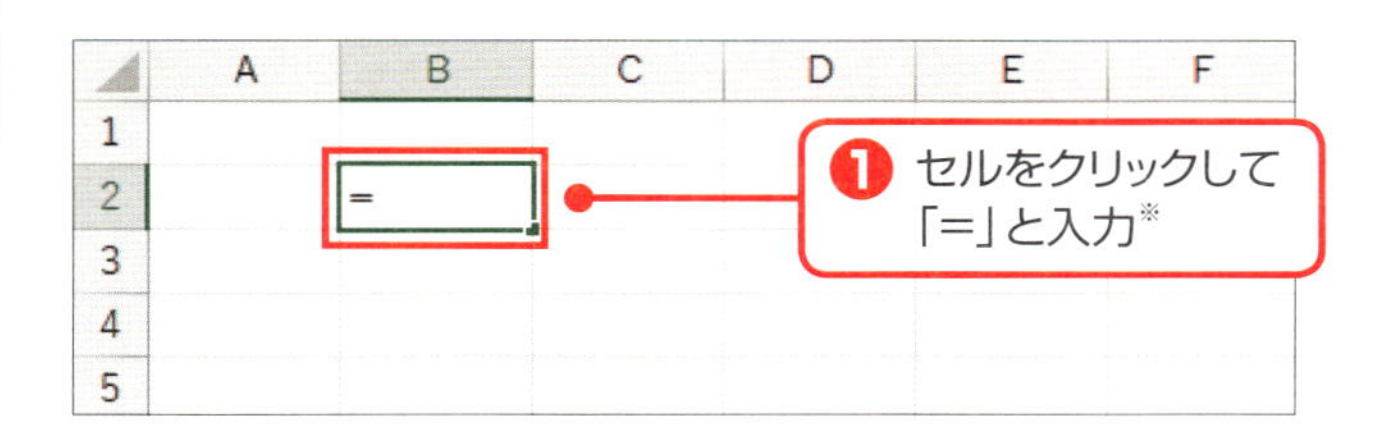

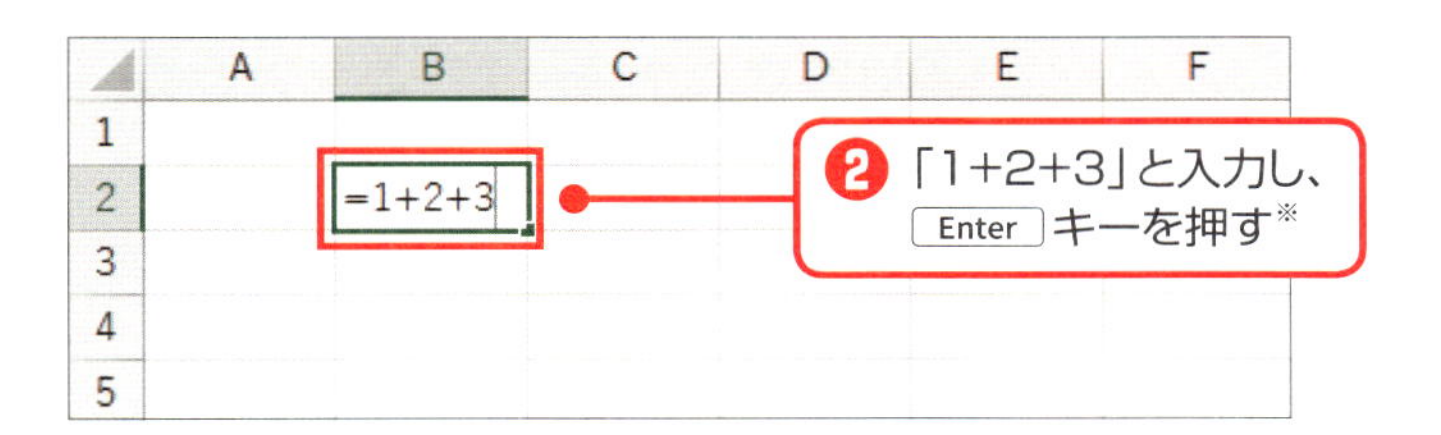

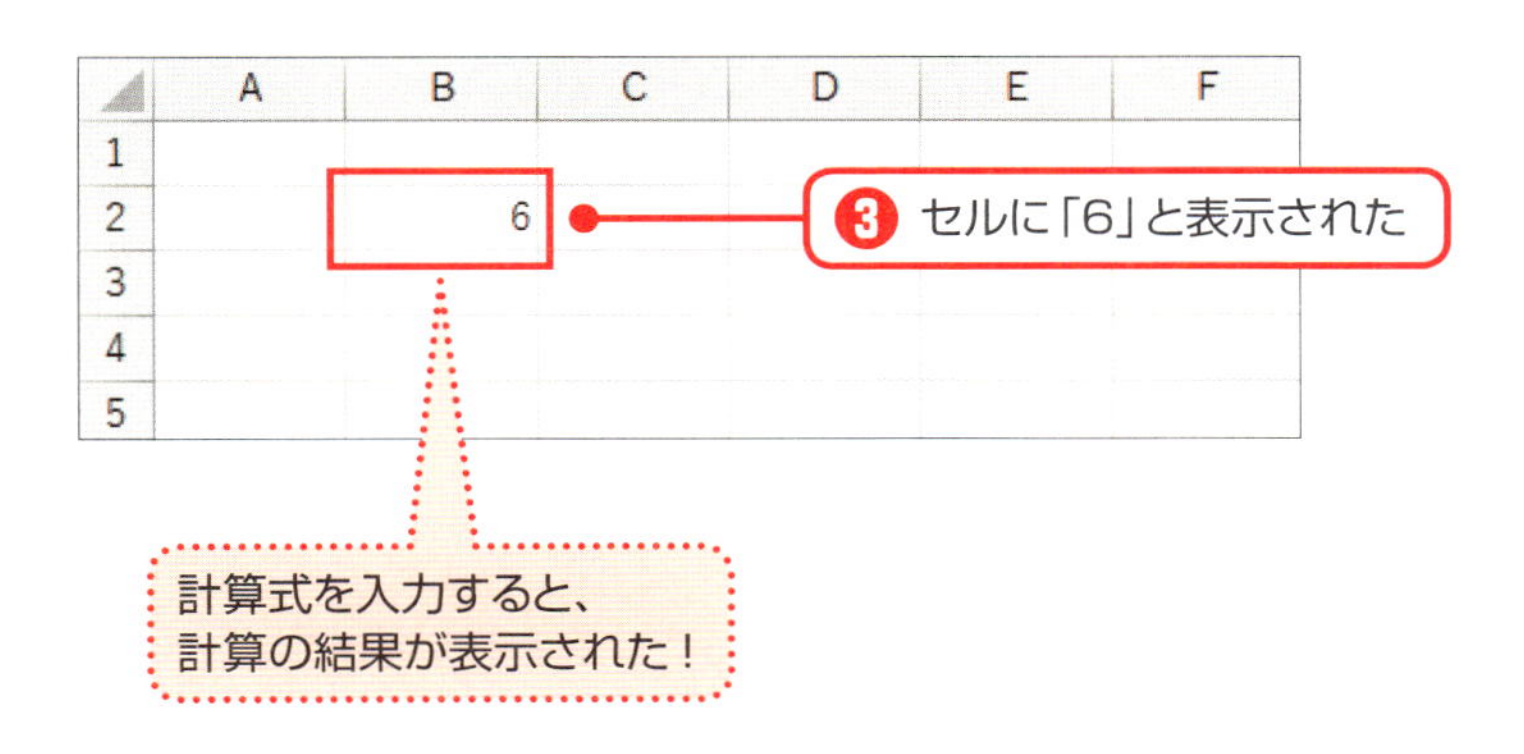

※「=」は Shift キーを押しながら「ほ」のキーを、
「+」は Shift キーを押しながら「れ」のキーを押して入力する

SECTION
03

セルに表示されているものと中身が異なる？

必読

セルの「見た目」は変化する

21ページでは、セルに「=1+2+3」という計算式を入力した。すると、入力後にセルに表示されたのは、「6」という計算結果の数字だったことを思い出してほしい。そう、エクセルでは、**「入力されたもの」と「セルの表示」はイコールではないことが多い**のだ。この点について、少し考えてみよう。

左ページの例を見てほしい。これらはいずれも「1980」という数字をセルに入力したものなのだが、3つのセルの表示内容はさまざまだ。上の例では円記号が付き、「¥1,980」のように通貨のスタイルで表示されている。真ん中の例は、千の位の後ろに桁区切りのカンマが付き、文字のサイズもやや大きい。下の例では、文字が青色で表示され、斜体になっている。

ところが、これらのセルに入力された内容は、どれも一律で「1980」なのだ。入力した値は変わらないのに、文字の色や大きさ、表示スタイルなど、見た目が変化する――日常的にエクセルを使っていれば、誰しも当たり前のように遭遇する現象なのだが、これはいったいどういうしくみによるものだろう。

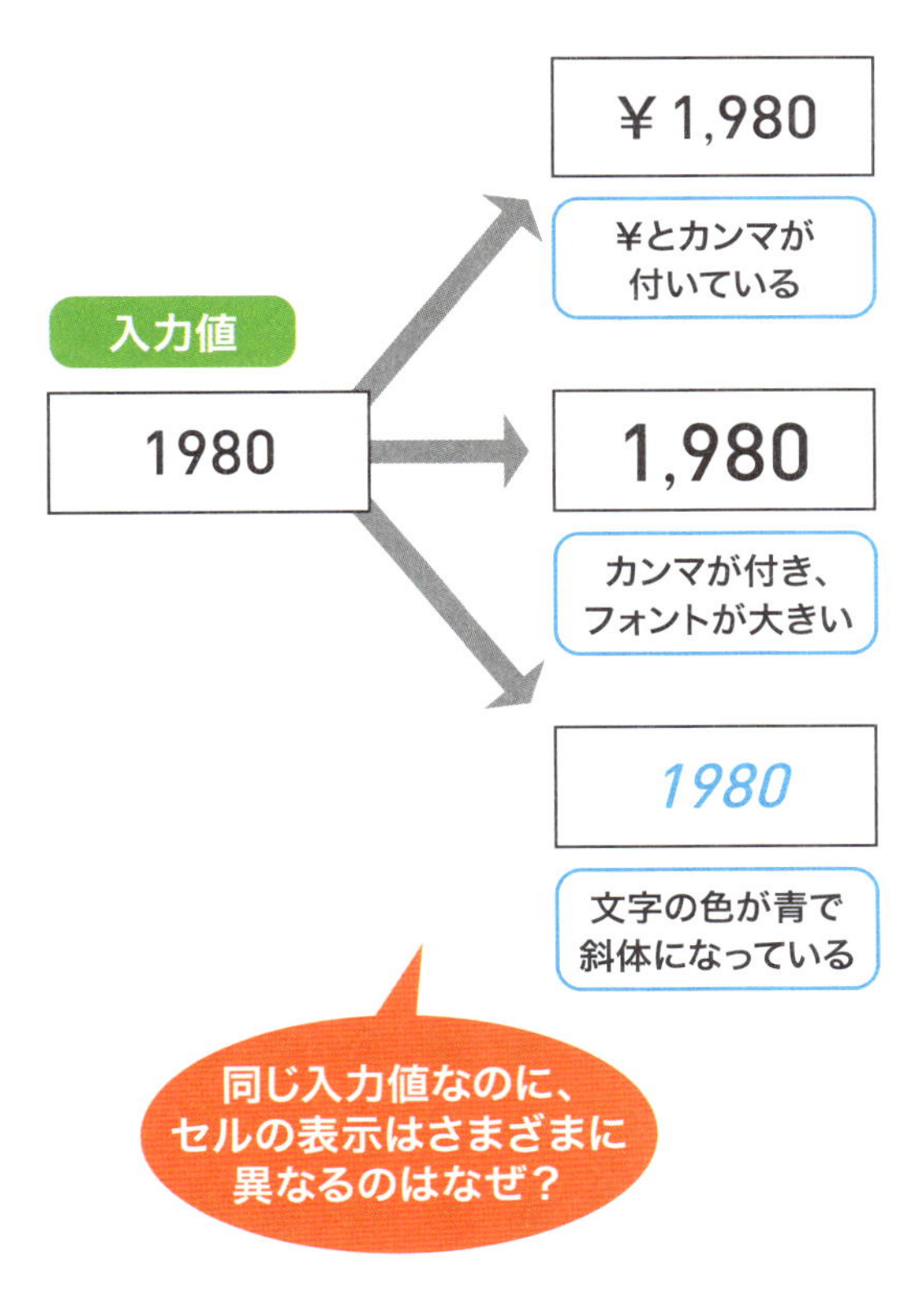

「書式」について理解する

22ページで紹介したように、入力値は同じなのに、セルの見た目が異なる——そんな現象には、セルの「**書式**」が関係している。

「書式」とは、セルに施す修飾のことだ。リボンの「ホーム」タブには、フォントの種類やサイズを変更するといったボタンが並んでいるだろう。このほかにも、文字の色を変える、斜体や太字にするなども、同様のボタンを使って設定できる。

数値データの見た目を変更するのも書式の役割だ。たとえば「¥1,980」のように数値を表示するには、「通貨」の書式を設定して、「1,980」のように3桁ごとのカンマだけを付けたい場合は、「桁区切り」のスタイルを設定すればよい。

このように、「元の値」に「書式」を加えたものが、セルに表示される内容になる。左ページの例では、セルに入力したデータは「1980」だが、書式の設定を変えれば、セルに表示される見た目が変化することを示している。

なお、**セルに書式を設定しても、それは見た目を変えるだけであって、セルのデータ自体は何も変更されない**。つまり、セルの中身は入力したときの値のままで、一切変わっていないということも、同時に理解しておきたい。

入力値＋書式がセルの表示になる

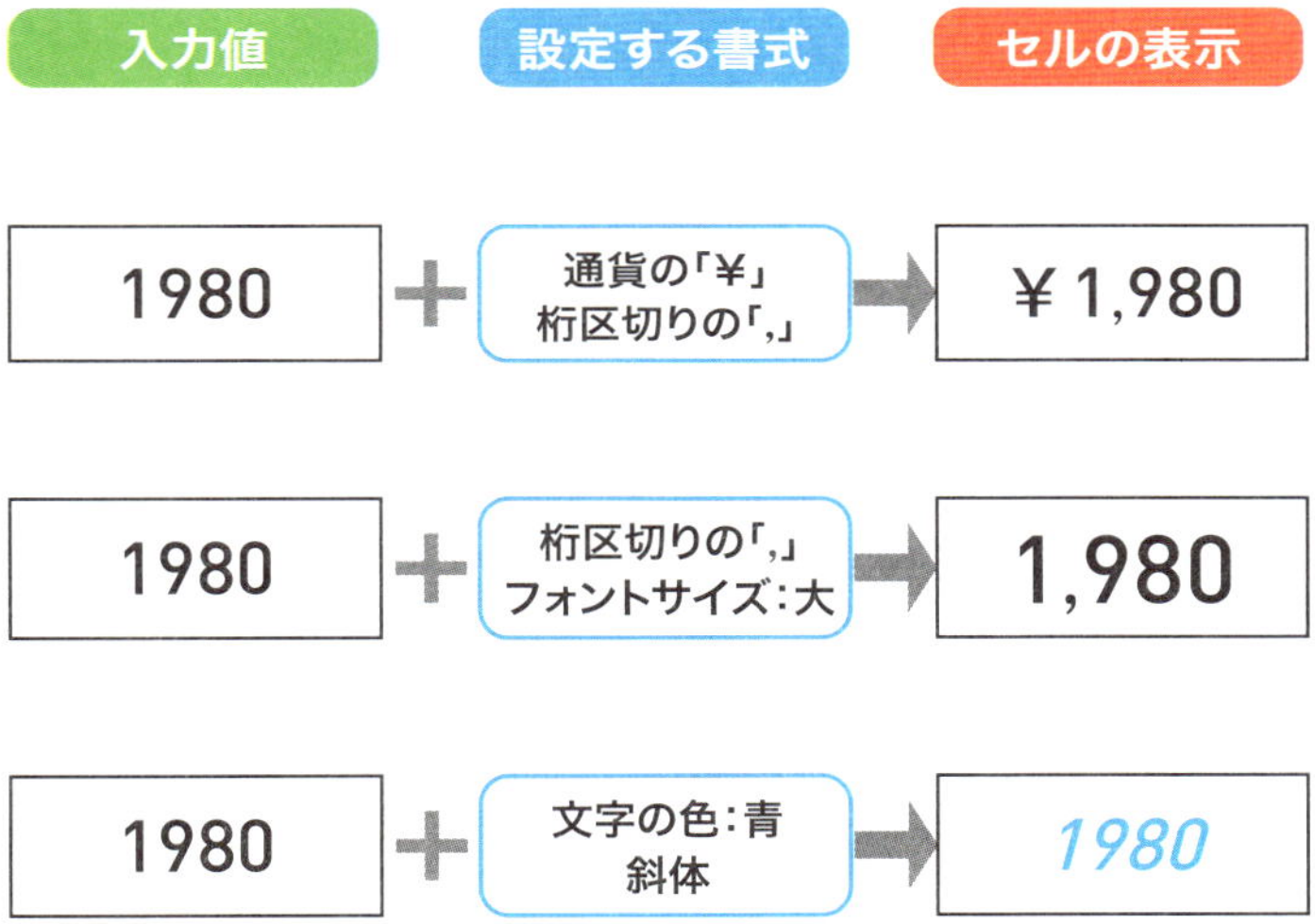

入力値		設定する書式		セルの表示
1980	＋	通貨の「¥」 桁区切りの「,」	→	¥1,980
1980	＋	桁区切りの「,」 フォントサイズ：大	→	1,980
1980	＋	文字の色：青 斜体	→	*1980*

SUMMARY

- セルに書式を設定しても、データは変わらない

SECTION 04

セルの表示は計算結果、セルの中身は計算式のまま

必読

あらためて計算式を入力してみると、表示は数字に！

書式に限らず、エクセルでは、入力した内容とセルの見た目が異なる例がほかにもある。それが「計算式」だ。

シート上でセルをクリックして、先頭にイコール「＝」を入力する。それから、「1＋2＋3」と数字や記号を順番に入力して、最後に Enter キーを押してみよう。

すると、セルには数字の「6」が表示される。表示される「6」とは、入力した計算式である「1＋2＋3」を実行した計算結果になる。

ここまで読めば、書式と同じ現象が起きていることにお気付きだろう。入力した内容とセルの表示が違っているのだ。私たちがセルに入力したのは「計算式」だ。Enter キーを押すまでは、「＝1＋2＋3」と、キーボードから入力した内容がそのまま見えている。ところが、Enter キーを押して入力を完了したとたん、セルには自動的に計算結果の数字が表示されるのだ。

改めて式を入力してみると

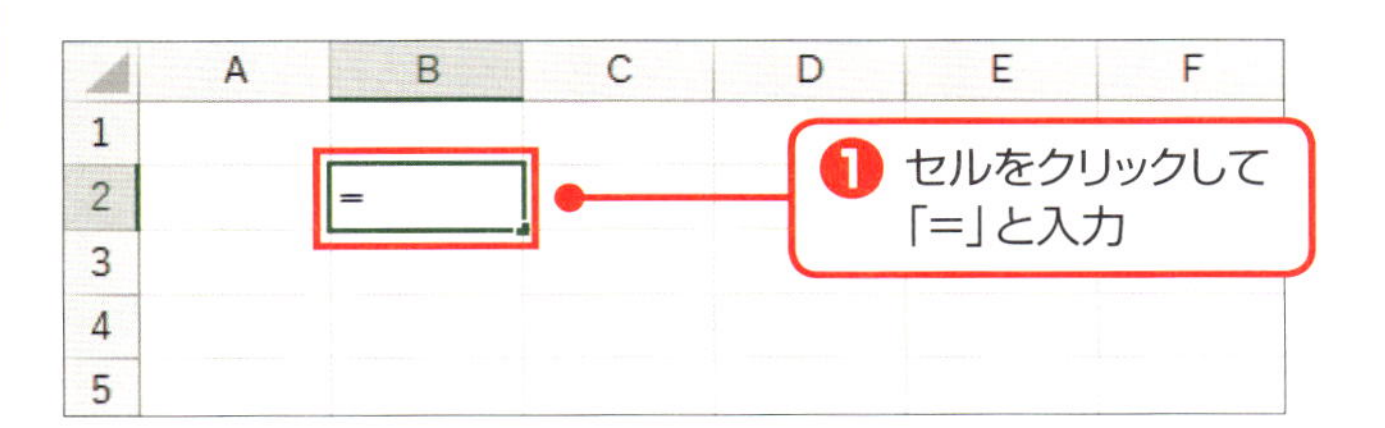

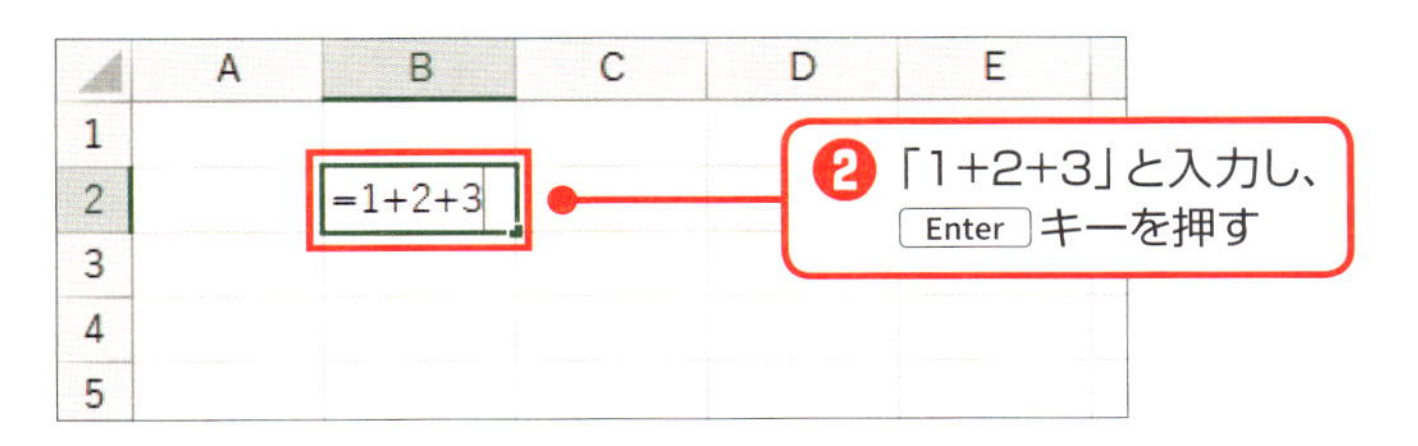

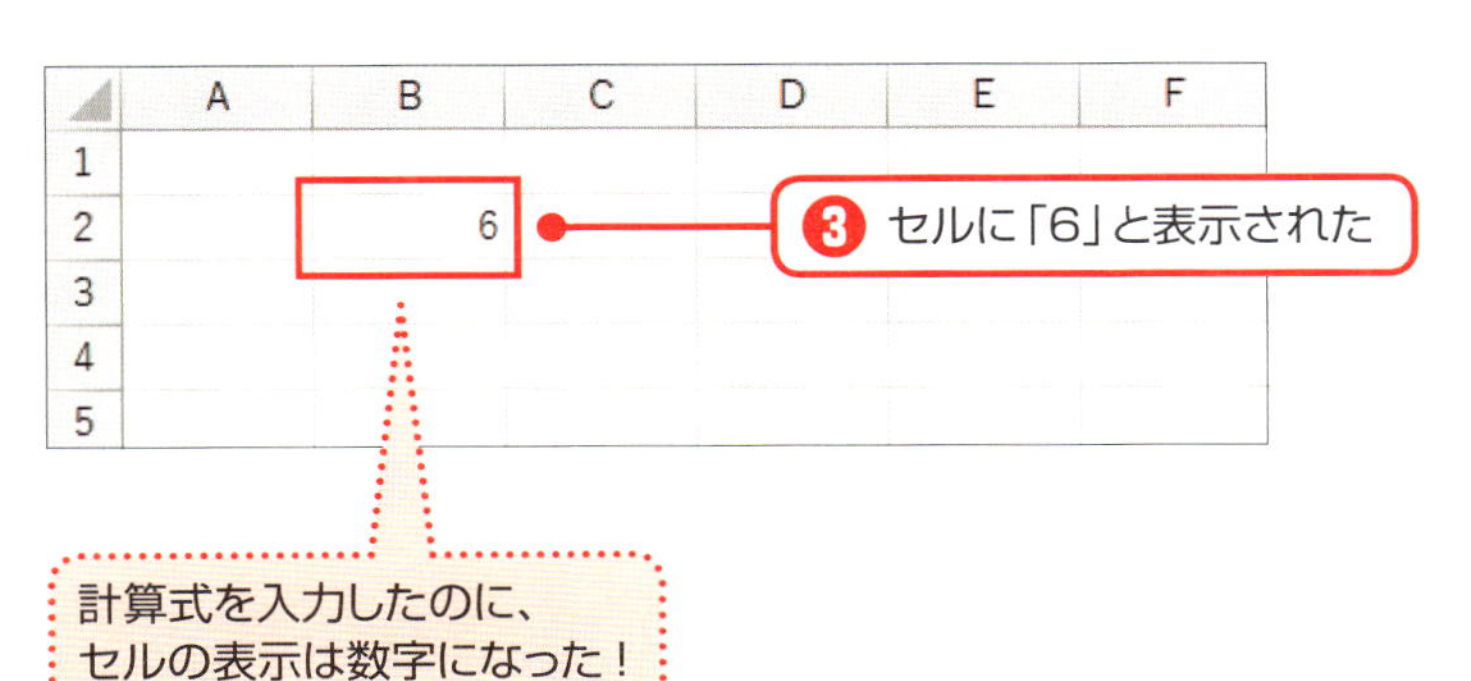

数式バーには「入力されたもの」が見える

計算式を入力したのに、セルには計算結果の数字が表示されてしまう。では、入力した計算式はどこに行ってしまったのだろうか。ここで活躍するのが「数式バー」と呼ばれるエリアだ。エクセルのシートには、「A」、「B」、「C」、「D」…という列番号の上に「数式バー」と呼ばれる領域がある。**セルに何かを入力した際、この数式バーには、入力した内容そのものが表示される**のだ。

「＝1＋2＋3」という計算式を入力したセルをクリックして、数式バーを見てみよう。数式バーには「＝1＋2＋3」と表示されていることがわかる。これは、キーボードから入力した計算式に間違いない。このように、**計算式を入力した場合、数式バーには計算式の内容が表示される**。

なお、これは計算式に限った話ではない。左ページの下の例で、「¥1,980」と通貨のスタイルで表示されたセルをクリックして、数式バーを見ると、「¥」や「,」が付かない「1980」が見える。これは、キーボードから入力した数値がそのまま表示されているためだ。このように計算式に限らず、数式バーには、元々入力されたものが表示されるのだ。

数式バーには「入力したもの」がそのまま表示

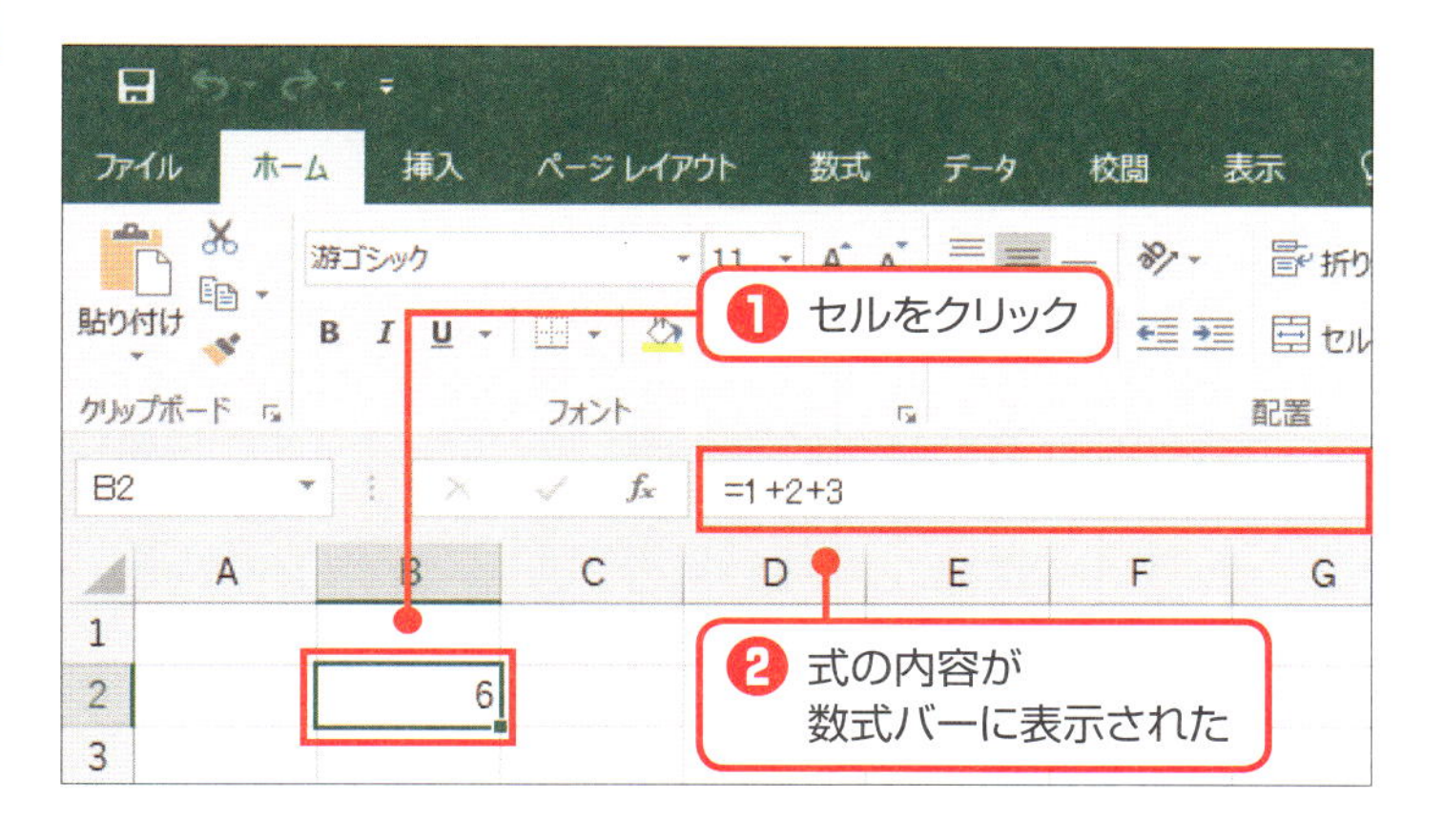

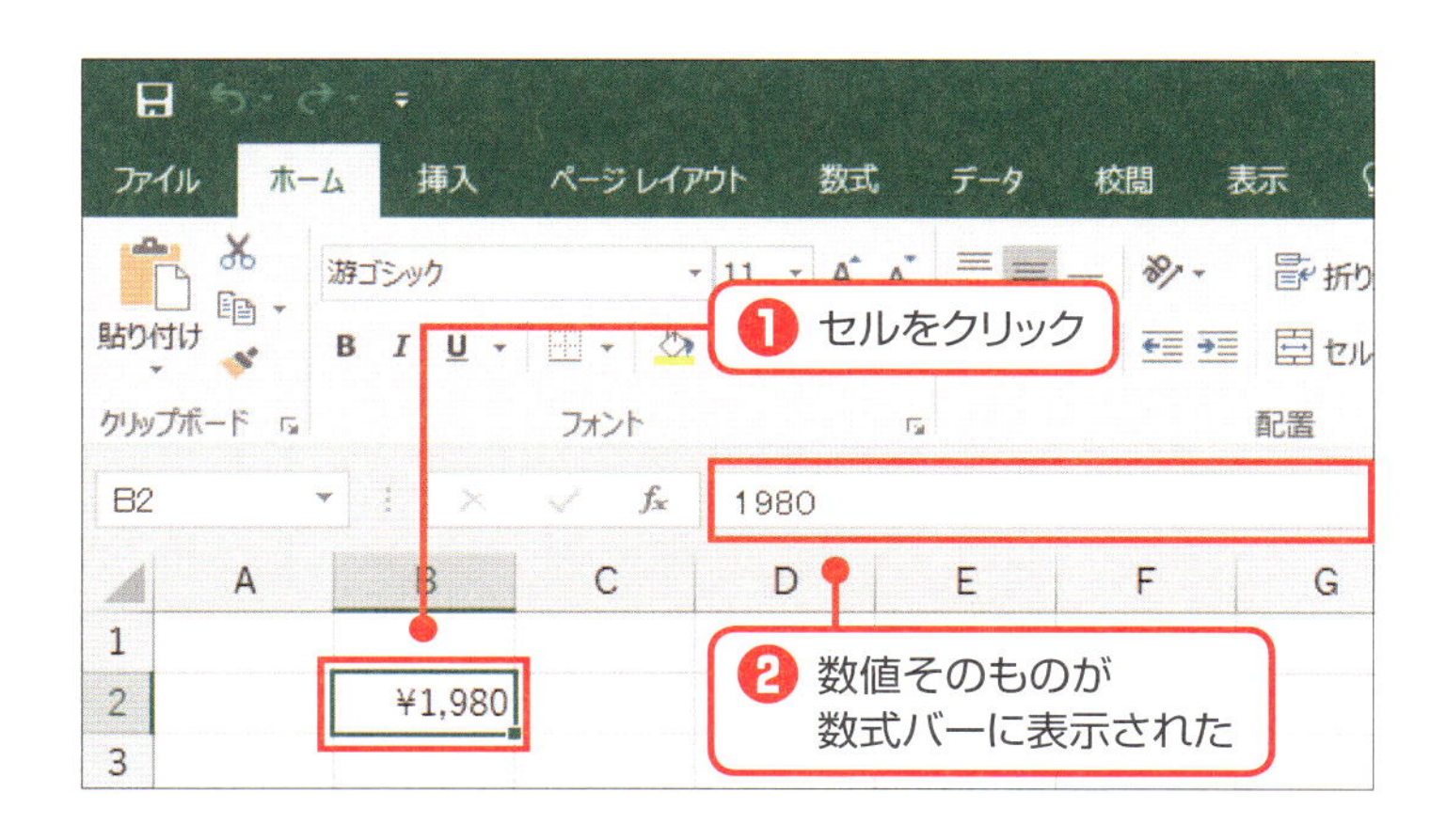

SECTION 05

計算は値だけでなく、セルを指定できる

セルを指定して計算してみる

計算式を作るときには、21ページのように数値を直接、式の中に入力することもできるが、**代わりに数値が入力されたセルを指定することも可能**だ。

下の例では、A1、A2、A3セルに、それぞれ「1」、「2」、「3」という数値が入力されている。今度は、この3つのセルを使って計算式を入力してみよう。

計算式を入力する際、まずはイコール「＝」を入力する。次に、最初のセル「A1」を指定する。

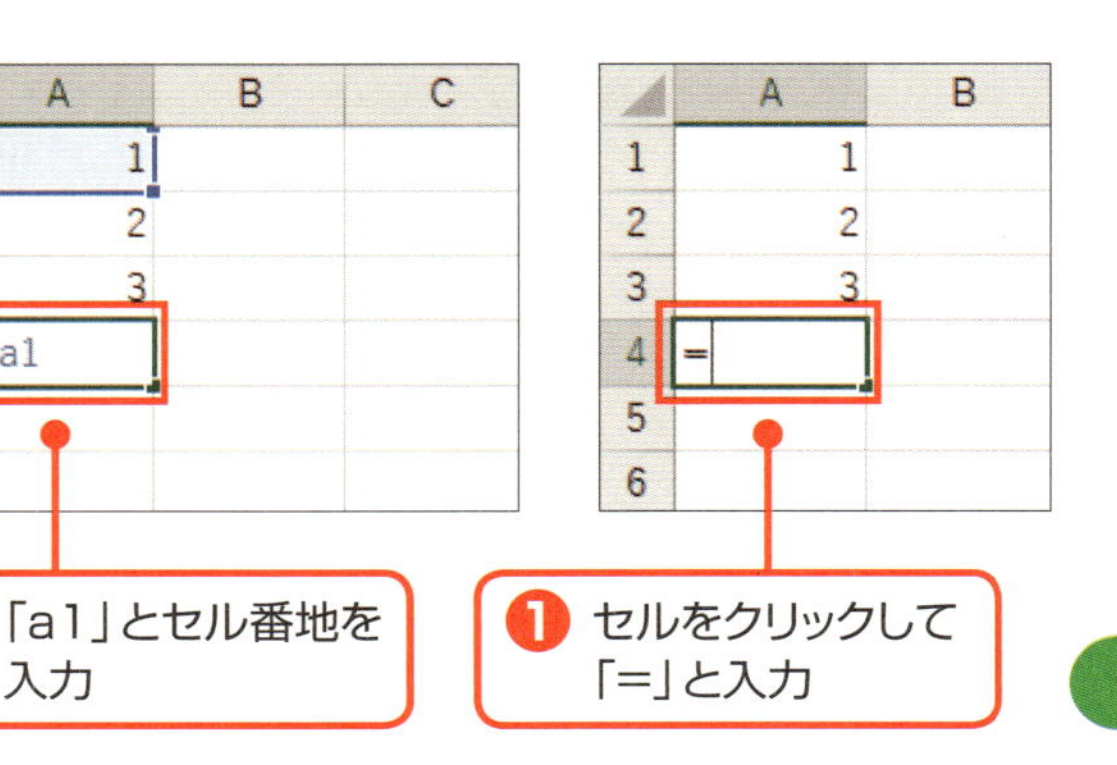

必読

これは、セル番地をキーボードから直接入力すればよい。このとき、アルファベットは大文字・小文字どちらで入力してもかまわない。計算式を確定すれば、自動的に小文字のセル番地は大文字に変わるからだ。

次に、足し算の「＋」を入力して、2番目のセル「A2」を入力する。同様に「＋A3」と3番目のセルを足すように続きを指定したら、最後に Enter キーを押そう。これで入力が完了して、セルには数字の「6」が表示される。

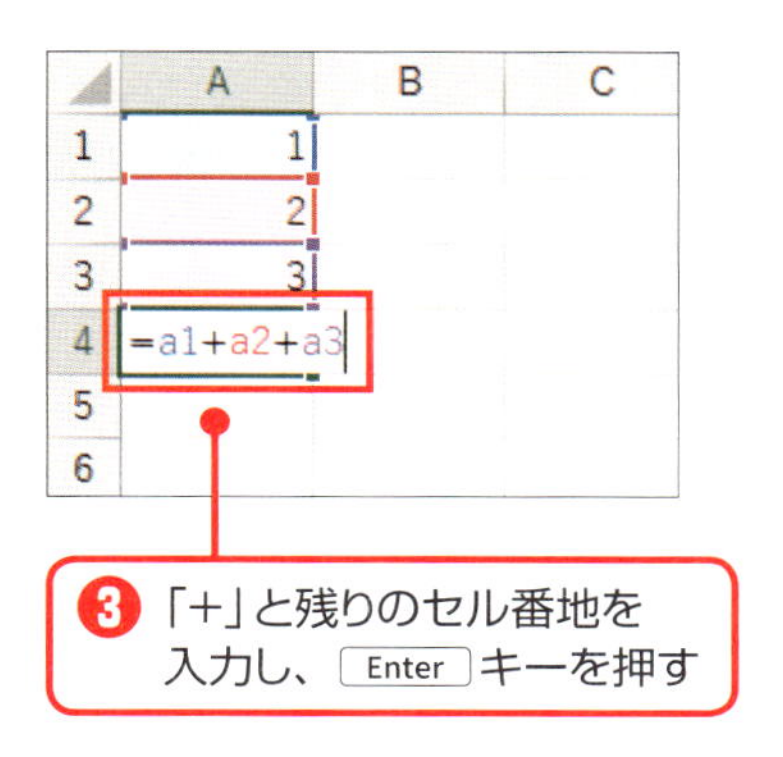

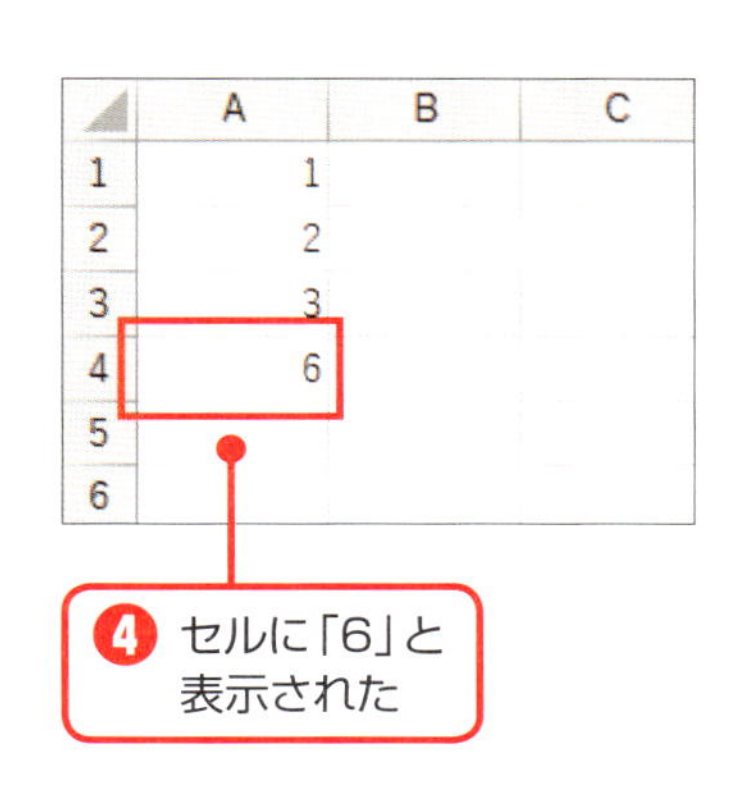

セルに入力されている値が計算式に入る

「6」と表示されたA4セルをクリックして、数式バーを見てみると、「＝A1＋A2＋A3」と表示されている。つまり、セルに格納された計算式は、セル番地を使った足し算になっている。ところが、計算結果は、「6」と表示される。

計算式や関数の中でセル番地を使って計算することを「**セル参照**」と呼ぶ。そして、セル参照を使った計算が実行されるとき、**計算式の中のセル番地は、そのセルに入力された数値に置き換えて計算される**のだ。

実際の式と照らし合わせながら見てみる。まず、A1セルには「1」と入力されているから、これは「1」に置き換えられる。同様に、A2セルには「2」、A3セルには「3」とそれぞれ入力されているので、「2」、「3」に置き換えればよい。その結果、「＝A1＋A2＋A3」は「＝1＋2＋3」という式に変換される。これを計算した結果が「6」となり、A4セルに表示された計算結果と一致することがわかる。

なお、セル番地を式の中で指定するには、キーボードから直接入力するほか、該当するセルをクリックする方法もある。**「＝」や「＋」などの記号を入力した後、セルをクリックすると、それぞれのセル番地が式の中に表示される。**

セルの番地に入力された数値が計算に使われる

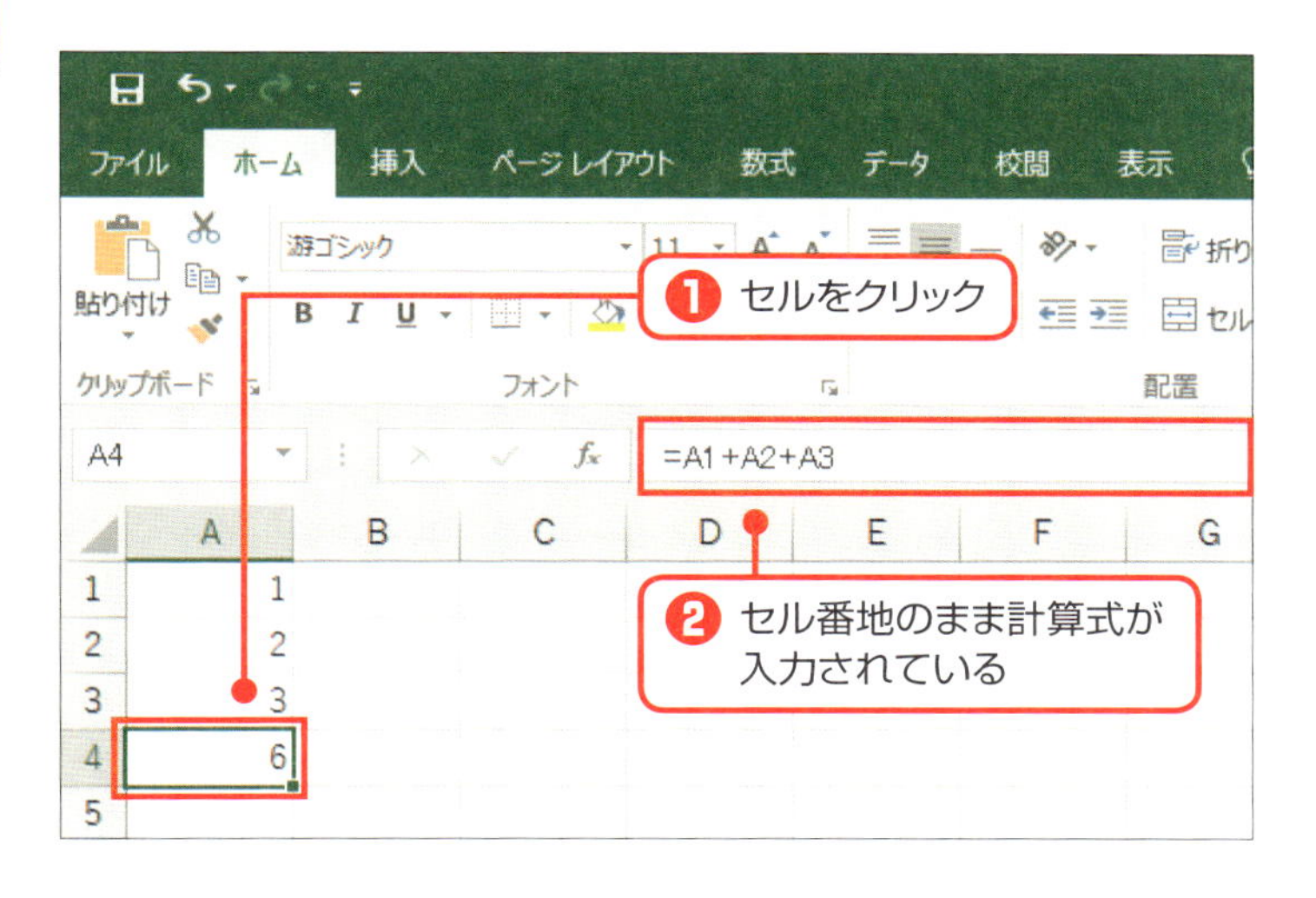

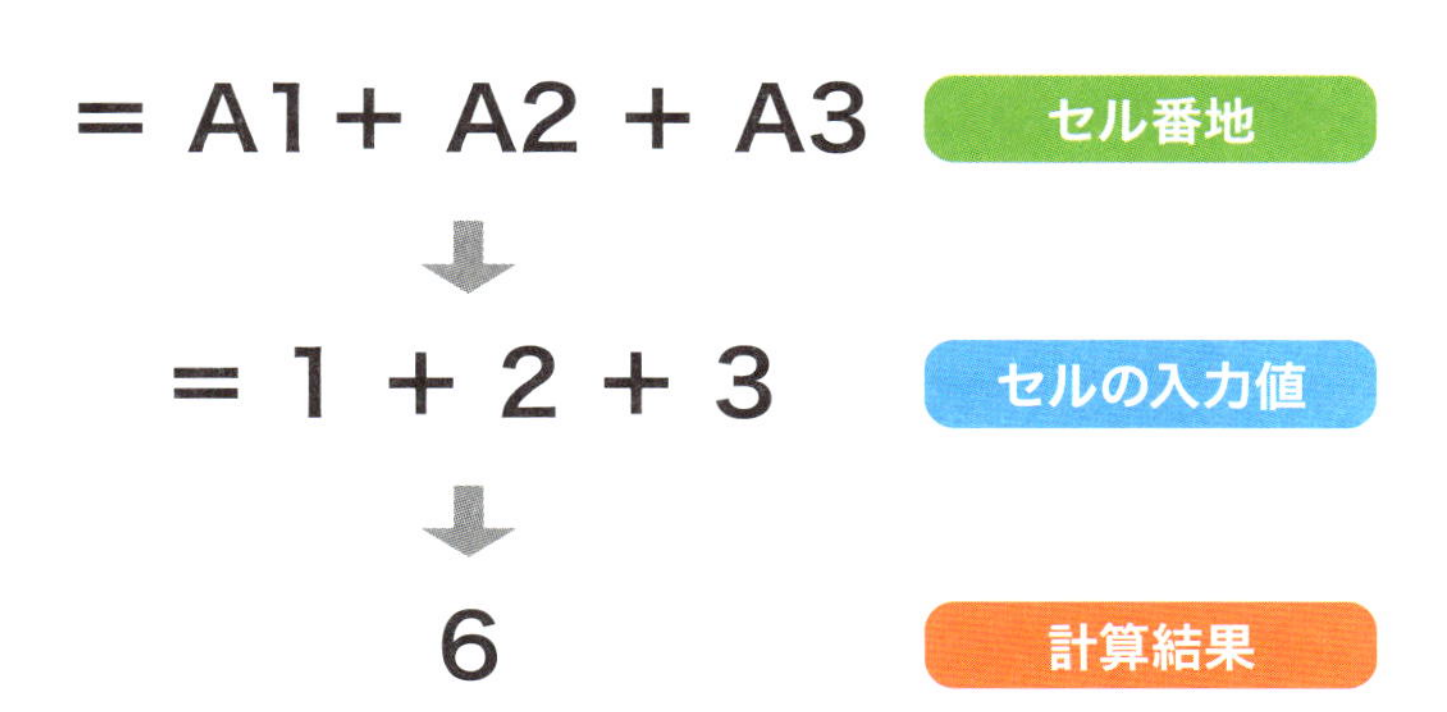

SECTION 06

関数が使えるとこんなに便利

必読

直接入力して長い範囲をひとつずつ足し算してみる

では、今度は、同じ足し算の計算式でも、長い範囲に挑戦してみよう。下準備として、左ページの例のように、「1」から「10」までの数値をA列のセルに順番に入力しておく。次に、セル参照を使った足し算の式を入力してみよう。

最初に計算式を入力したいA11セルをクリックして「=」を入力する。次に、マウスでA1セルをクリックすると、セル番地が入り、計算式は「=A1」のように表示される。続けて足し算の「+」記号を入力して、A2セルをクリックする。あとは同様に「+」を入力しては数値が入力されたセルをクリックする操作を8回繰り返すと、ようやくA1からA10までのセルを足し算する式が完成する。

いかがだろう。加算したいセルの数が増えると作業が非常に大変になることが、これでおわかりいただけたことと思う。

1から10までのセルを足し算する

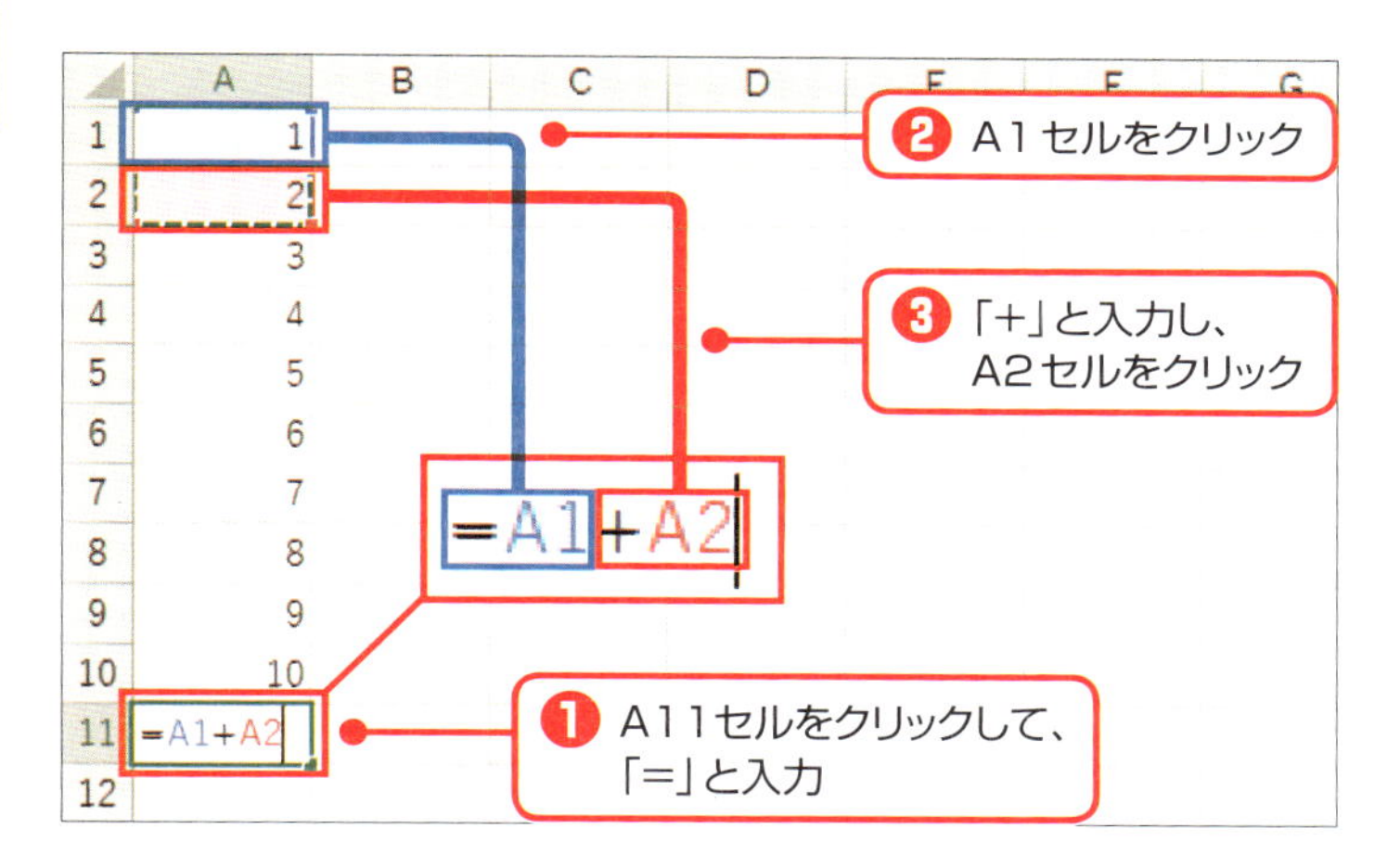

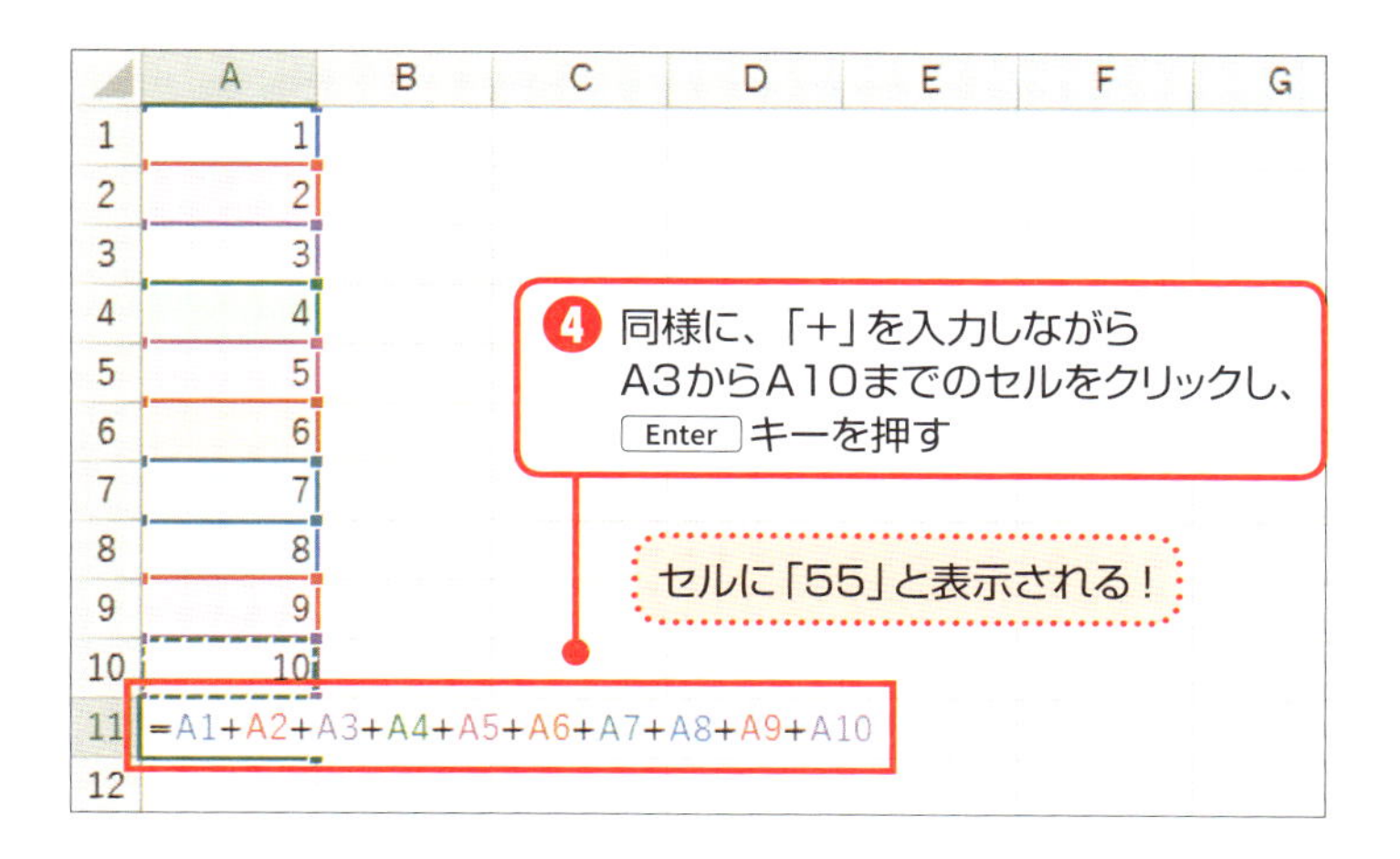

関数ならあっという間に計算できる

34ページでは、「＋」記号を使って10個のセルの数値を足し算する計算式を入力した。これだけでも大変な労力だが、業務で使う表では、合計したい数値が１００個以上になる場合も少なくない。

そこで登場するのが「**関数**」だ。冒頭の10ページでも紹介したように、**関数とは、多くの利用者が頻繁に行う計算をすばやく行うために用意された道具**なのだ。足し算の結果は、合計を求める関数「ＳＵＭ」を使えば「＋」記号と同じように求められるはずだ。A1からA10までのセルには、「１」から「10」までの数値が入力されている。A11セルに、これら10個のセルの数値を合計してみよう。

まずA11セルをクリックして、「ホーム」タブの「編集」グループにある「Σ」ボタン（「合計」ボタン）をクリックする。続けて Enter キーを押すと、A11セルには「１」から「10」までの合計が「55」と表示される。

合計を求めたいセルは10個あるが、クリックした回数はたった2回だ。34ページのようにセルを逐一足し算する方法では、セルの数だけクリックを繰り返さなければならないが、これなら格段に効率がよい。

1から10までの数を関数で合計する

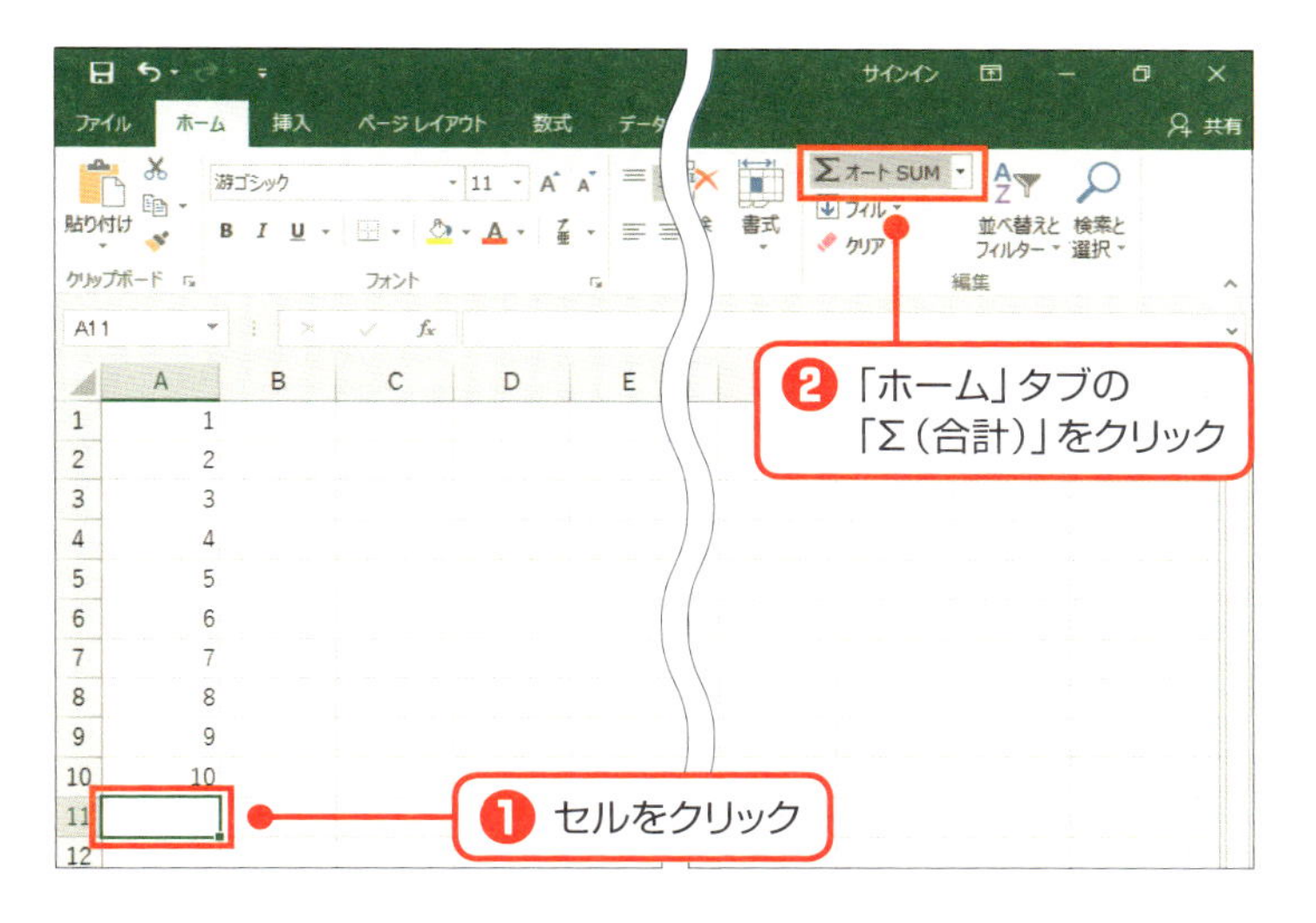

	A	B	C	D	E	F	G
1	1						
2	2						
3	3						
4	4						
5	5						
6	6						
7	7						
8	8						
9	9						
10	10						
11	55						

❸ Enter キーを押すと、
1から10までの合計が求められた

COLUMN

「####」と表示された

セルの幅が足りなくて数値が完全に表示できない場合、セルには「####」と表示されてしまう。この場合は、「####」が表示された列をまとめて選択し、その中のいずれかの列番号の右側の境界線でダブルクリックするとよい。これでデータが収まるように列幅が調整され、数値がセル内に正しく表示されるようになる。

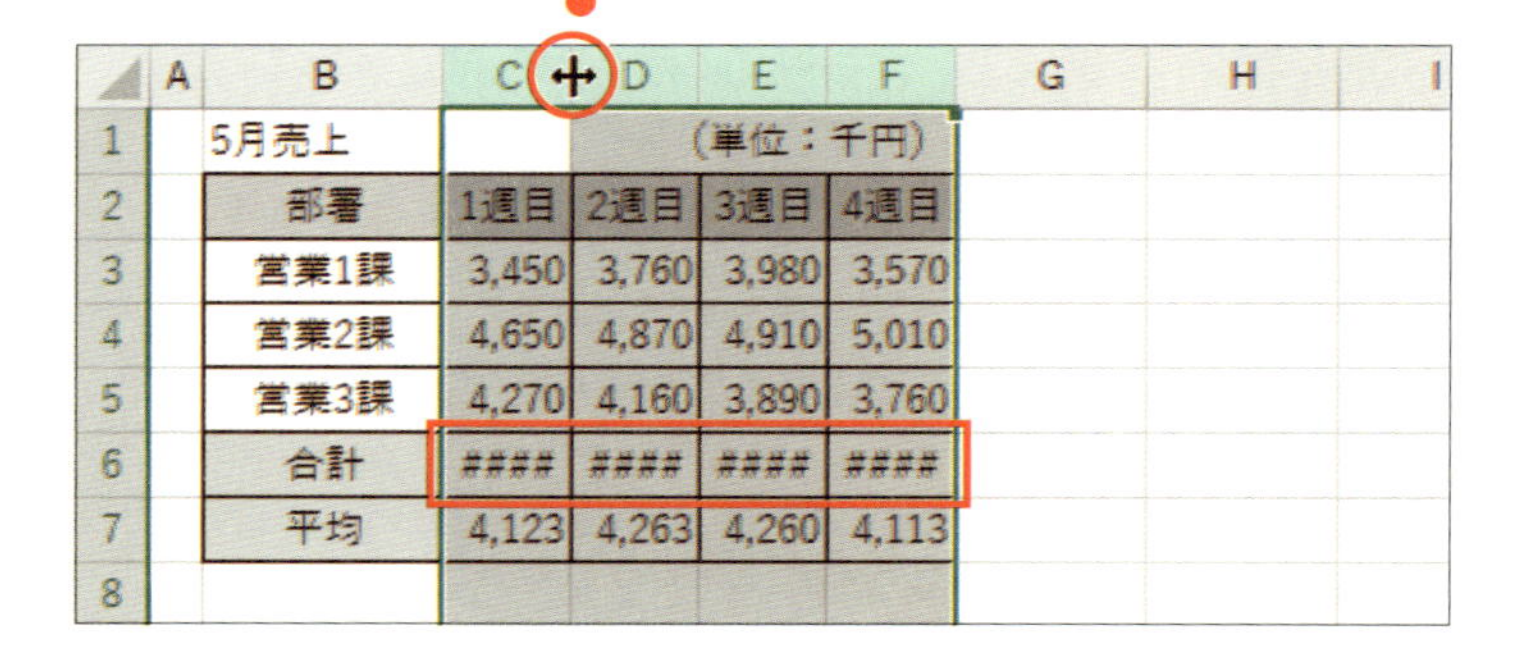

2章

基本の5関数を使って、関数の使い方を〝完全〟理解

SECTION 07

関数を入力して合計を求めよう

必読

数値が連続して入力されたセルを合計する

2章では、「合計」、「平均」、「セルを数える」、「最大値」、「最小値」という5つの関数を通して、関数のしくみと入力の方法をマスターしたい。**関数を使うと、「+」記号などを使った計算式に比べて、各段に早く計算できる。**では、ここで36ページと同じSUM関数をもう一度入力してみよう。

左ページの例では、A1からA10までのセルに「1」から「10」までの数値が入力されている。36ページ同様、これら10個のセルの数値を合計しよう。

まず合計を表示させたいA11セルを選び、「ホーム」タブの「編集」グループで「Σ」ボタン（「合計」ボタン）をクリックする。すると、A1からA10までの範囲が点滅する枠で囲まれる。そのまま Enter キーを押せば完了だ。A11セルには「55」と表示される。これは「1」から「10」までの数値を順に足し算した結果と等しい。つまり、正しく合計を求められたことになる。

1から10までの数値のセルを合計する

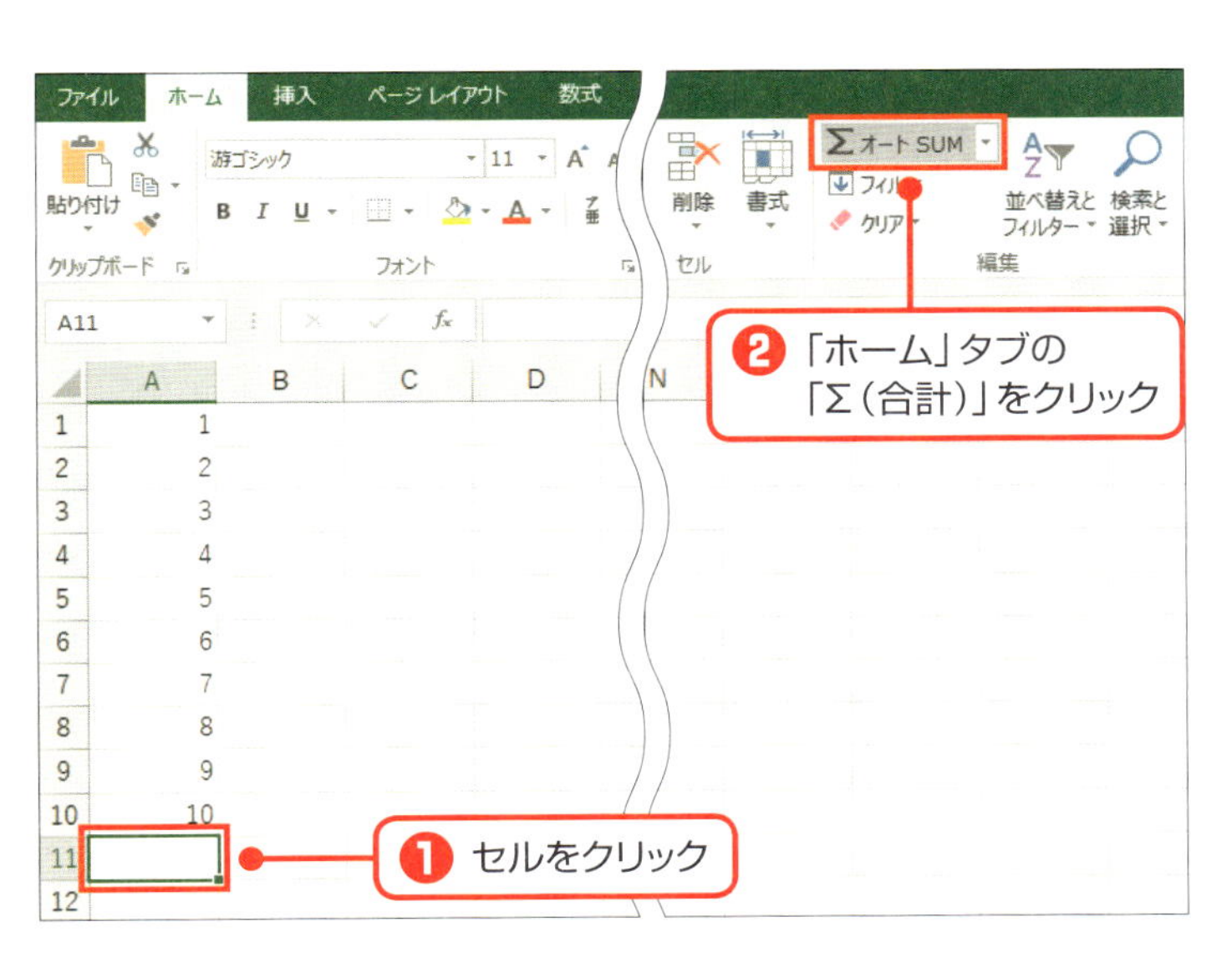

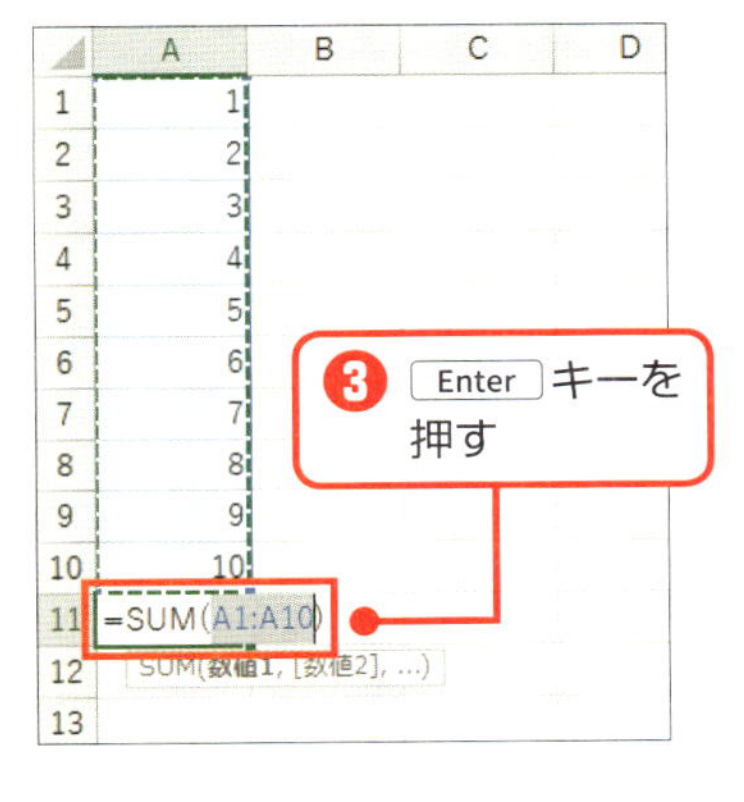

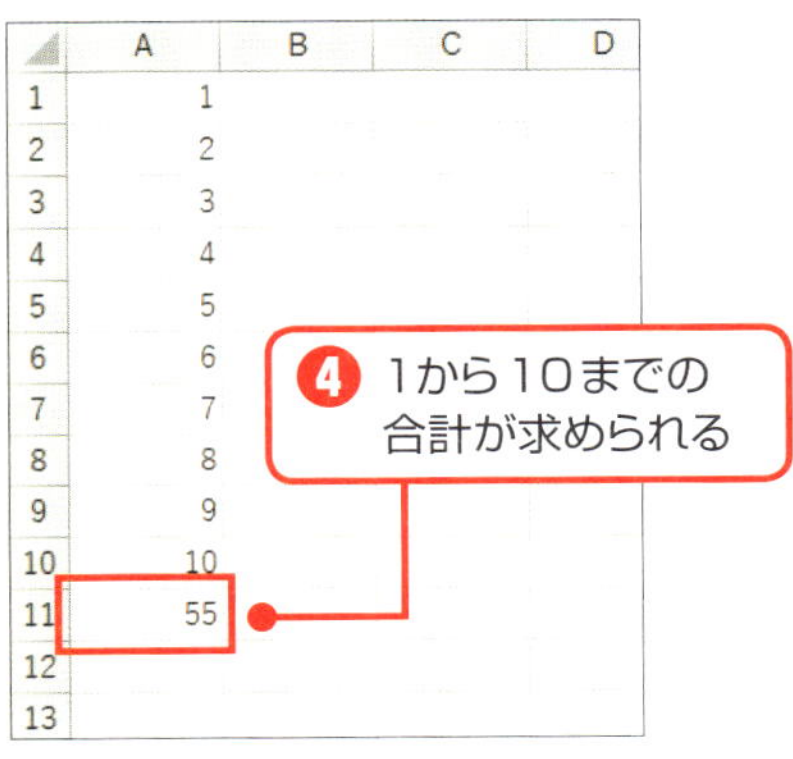

数式バーを見てみよう

今度は入力した関数を確認しよう。この時利用するのが「**数式バー**」だ。28ページで紹介したように、数式バーとは列番号の上にある横長の領域だ。ここには、セルに入力したものがそのまま表示されるので、計算式を入れた場合は、式の内容が表示されるはずだ。計算式を入力したA11セルをクリックして数式バーを見ると「＝SUM（A1：A10）」という表示が見える。たしかに関数を使った計算式が表示されている。

ここで、関数の構造について知っておこう。先頭の「＝」に続けて「SUM」と表示されたアルファベット**の部分が関数の名前**だ。本書の冒頭で紹介したように、関数は計算や処理の種類ごとに個別に用意されており、それぞれの関数には名前が付いている。

次に、「（」（カッコ）が続き、文字や数字が見えるだろう。このカッコの中身を「**引数**」と呼ぶ。このSUM関数では、「A1：A10」という部分が引数になるわけだ。

このように、関数名とカッコで囲まれた引数からなる式を「**関数式**」と呼ぶ。関数式はイコール「＝」が頭に付くことからもわかるように、計算式の一種なのだ。

数式バーで関数式を確認できる

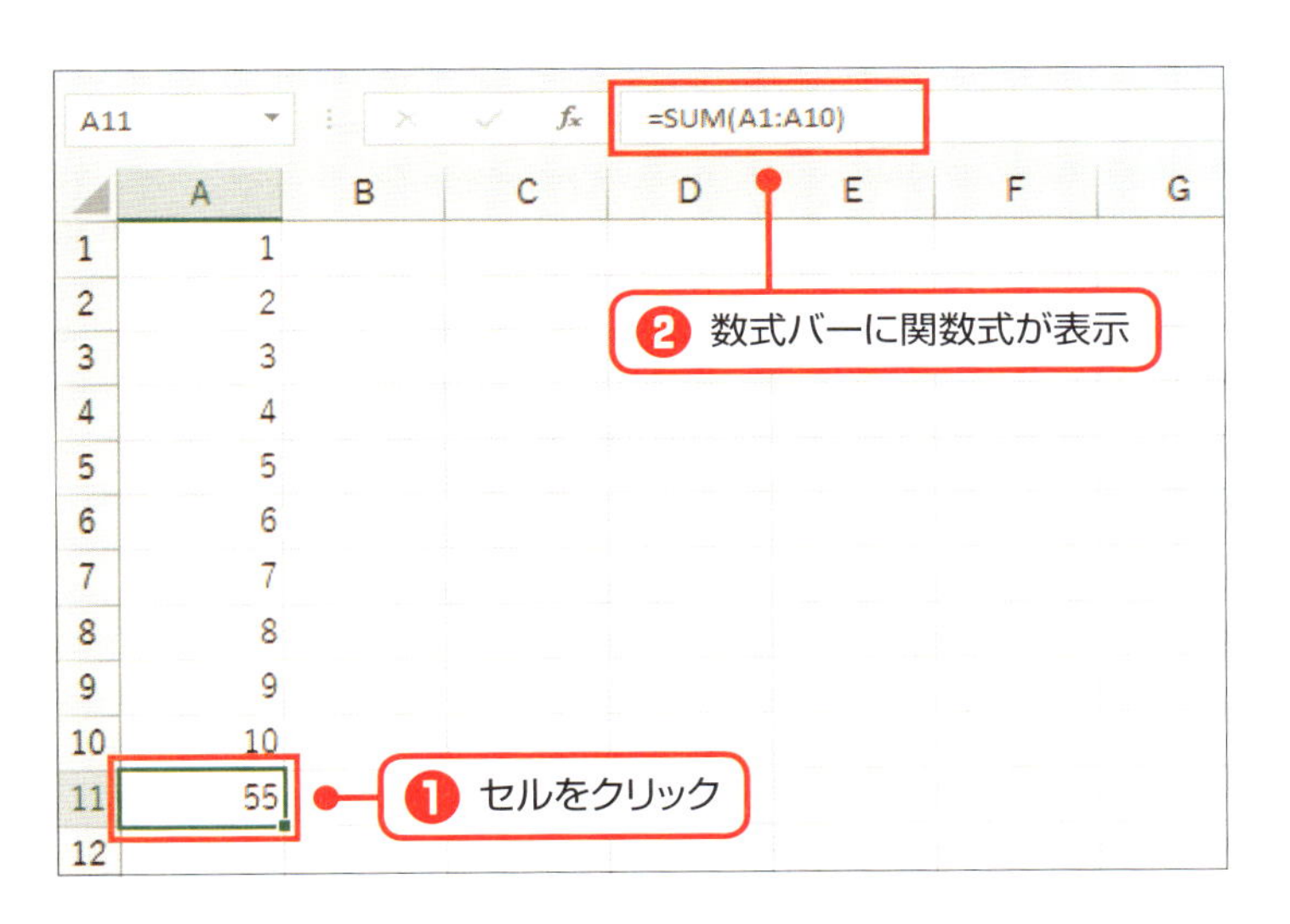

・関数式の構造

「引数」について知る

引数とは、ちょうど料理で食材を使うように、関数が計算する際に必要になる材料のことだ。料理によって材料が違うように、計算の種類によっても材料は異なる。そのため、引数には、文字、数字、セル参照などさまざまな種類があるのだ。

このSUM関数の式では、引数に「A1：A10」と表示されている。これを見てまず気付くのは、セル番地が2つ入っていることだ。この部分は、32ページで解説したセル参照らしい。「A1」、「A10」とあるそれぞれのセルをシートで確認すると、「A1」は合計したい最初のデータ「1」が入力されたセルで、「A10」は最後のデータ「10」が入力されたセルだとわかる。さらに、A11セルには、「1」から「10」までの数字を合計した結果が表示されている。このことから考えて、引数「A1：A10」とは、「A1からA10までのセル範囲」という意味だと推測できる。

「SUM」は合計を求める関数だ。合計するには、関数名と一緒に合計範囲を指示する必要がある。それが合計を求めるSUM関数にとって必要な材料になるからだ。したがって、「A1：A10」とは、「A1からA10までのセル範囲」という意味で、合計の対象となる数値が入力されたセル範囲だと考えられる。

引数とは、関数の仕事に必要な“材料”

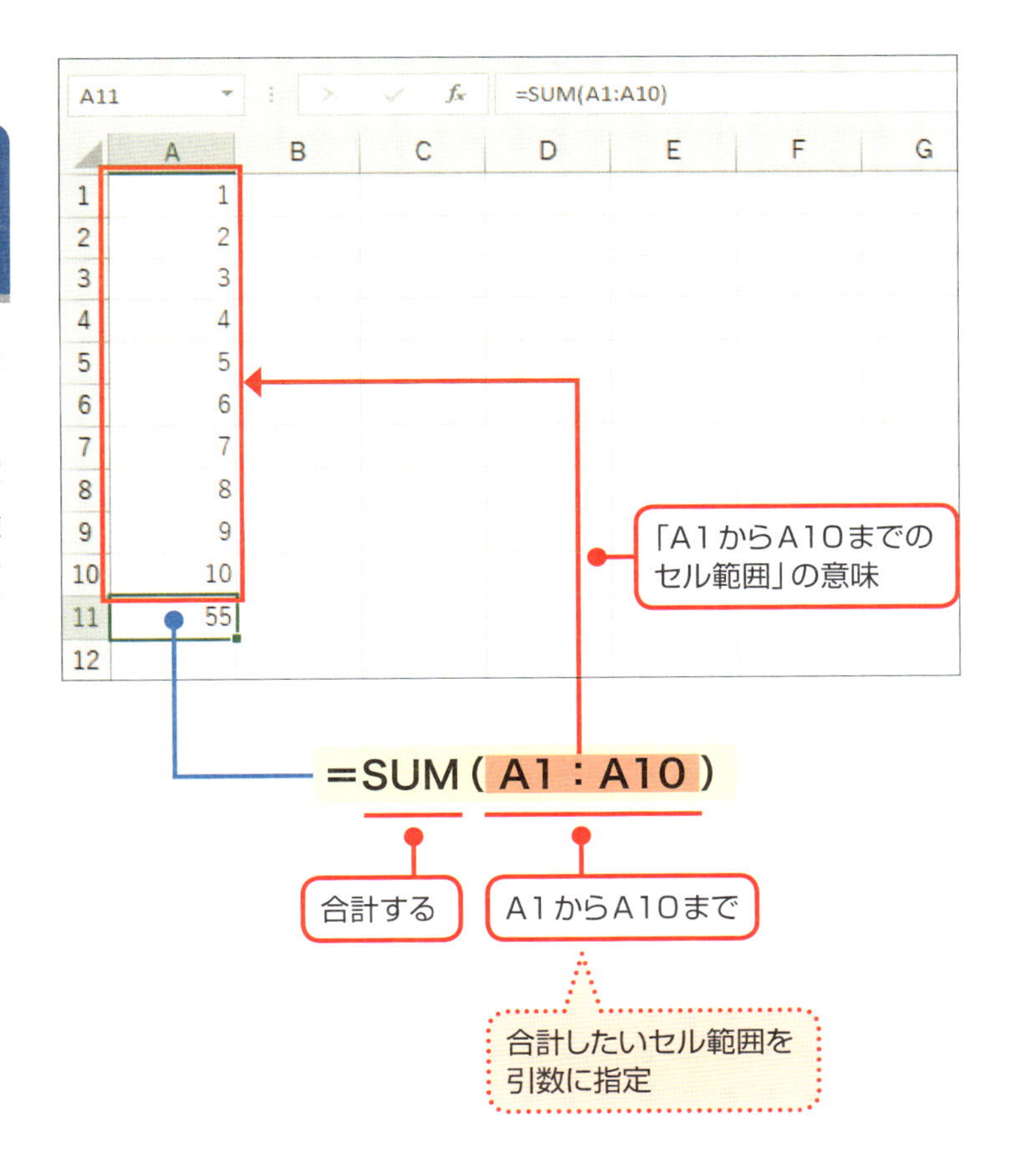

SECTION 08

平均を求めよう

必読

Σボタンを押して「平均」を入力する

ＳＵＭ以外の関数も使ってみよう。左ページの例には、テストの点数が入力されている。そこでB3からB9までのセルに入力された得点の平均点を求めたい。

平均を求めるにはＡＶＥＲＡＧＥ（アベレージ）関数を使う。まず、平均を表示したいB10セルをクリックして、次に40ページでＳＵＭ関数を入力したときと同じボタンを使う。ただし、クリックするのは、「ホーム」タブの「Σ（合計）」ボタン右の▼の方だ。この▼をクリックすると、「合計」、「平均」、「数値の個数」…といった項目が表示されるので、ここから「平均」を選べばよい。

これでＡＶＥＲＡＧＥ関数が入力される。Enterキーを押すと、関数式の入力が完了して、B10セルには求められた平均点が表示される。なお、B10セルをクリックすると、数式バーには「= AVERAGE（B3：B9）」という式が表示される。

続けて、このＡＶＥＲＡＧＥ関数の中身を見てみよう。

得点の平均点を求める

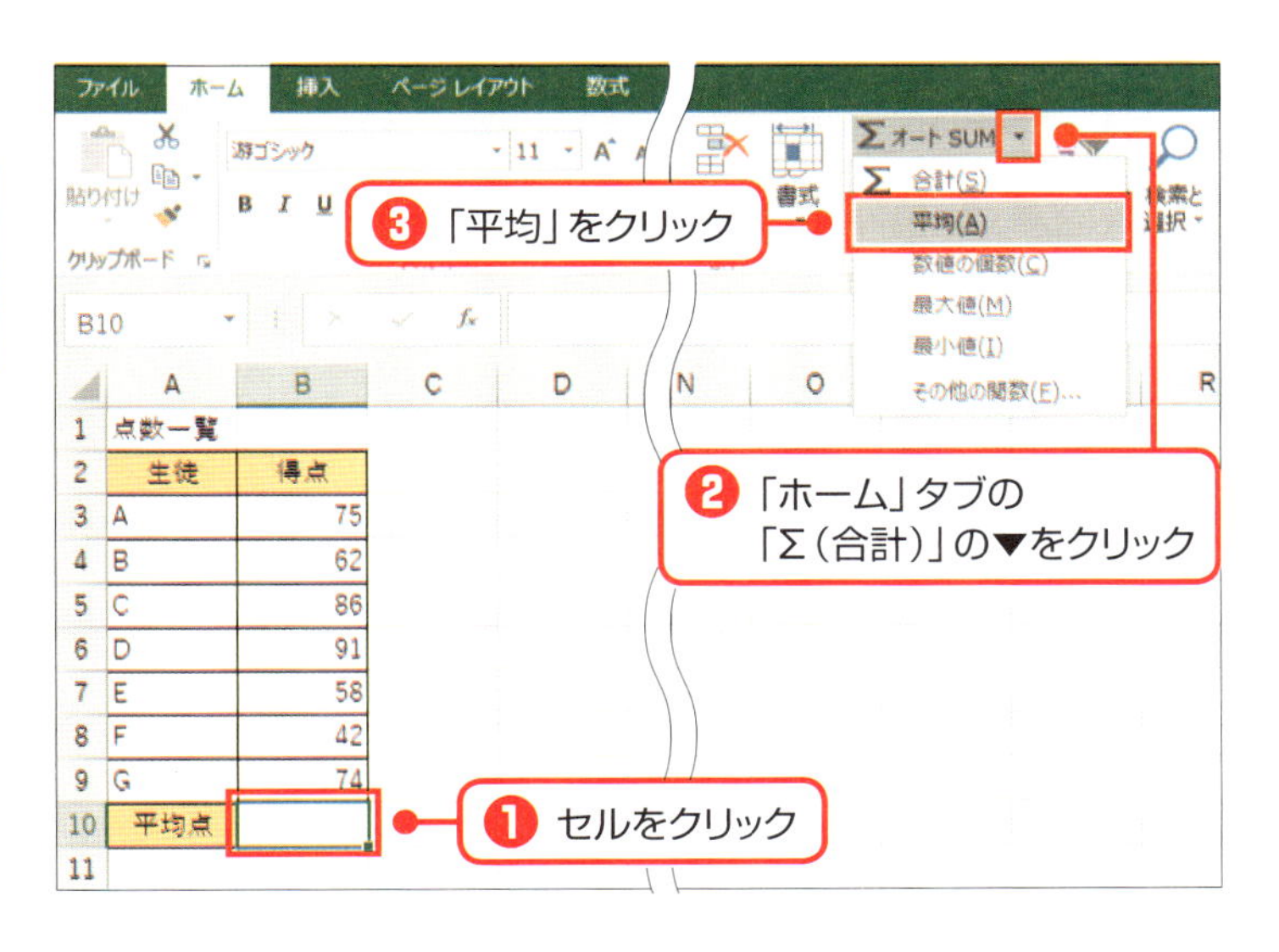

ファイル
ホーム
挿入
ページ レイアウト
数式
貼り付け
クリップボード
游ゴシック
11
オート SUM
合計(S)
平均(A)
数値の個数(C)
最大値(M)
最小値(I)
その他の関数(F)...
書式
検索と選択
B10
点数一覧
生徒
得点
A 75
B 62
C 86
D 91
E 58
F 42
G 74
平均点
❶ セルをクリック
❷ 「ホーム」タブの「Σ(合計)」の▼をクリック
❸ 「平均」をクリック

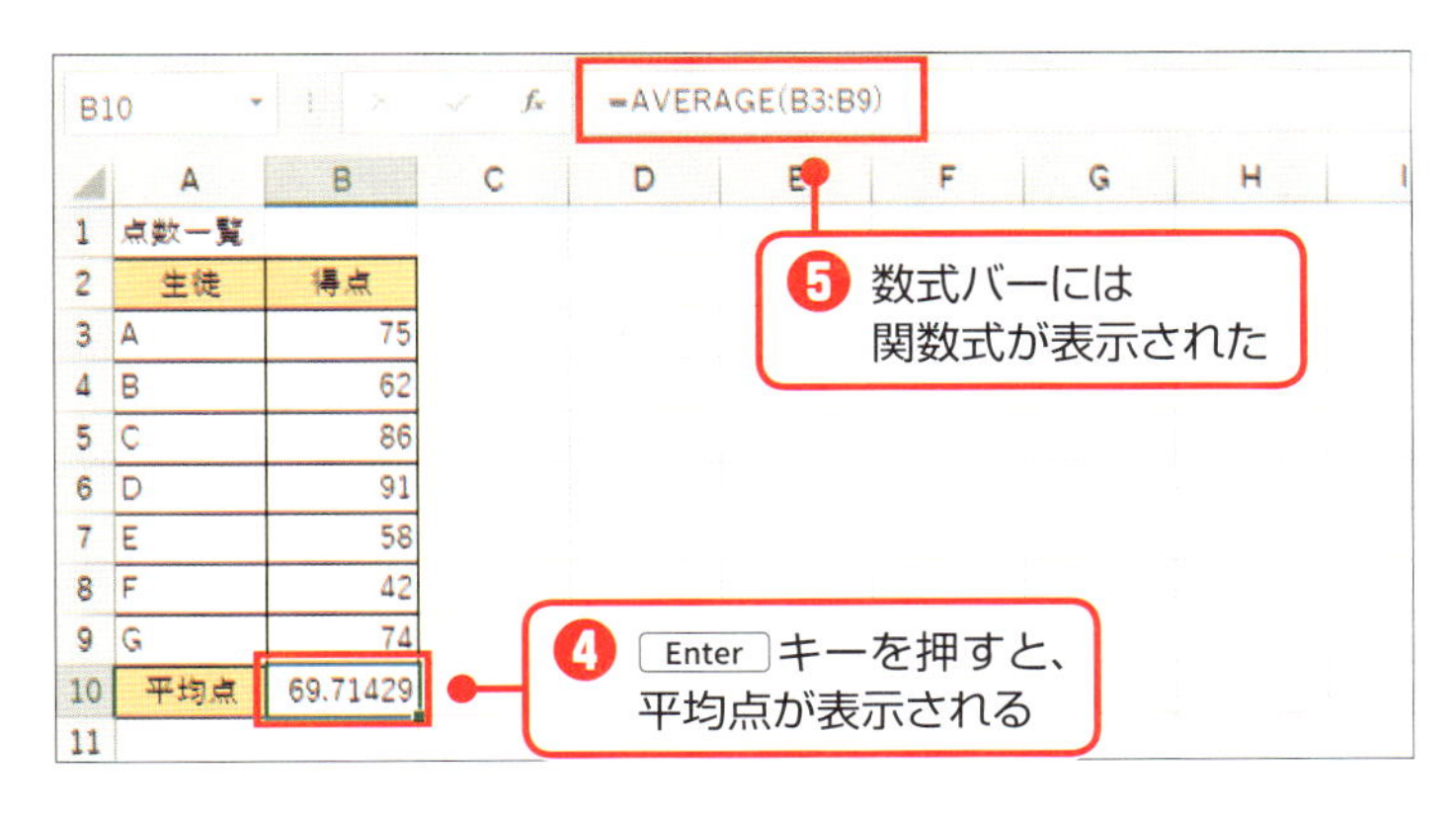

B10
=AVERAGE(B3:B9)
点数一覧
生徒
得点
A 75
B 62
C 86
D 91
E 58
F 42
G 74
平均点
69.71429
❹ Enter キーを押すと、平均点が表示される
❺ 数式バーには関数式が表示された

数式バーを見て、中身を理解する

B10セルには「69.71429」と平均点が求められた。平均は計算結果が小数になる場合が多い。これは、通常の計算式で平均を求める場合を思い出せば理解しやすい。平均を算出するには、テストを受けた生徒の点数を合計して、その合計点を生徒の人数で割り算する。このとき、割り算の結果が割り切れない場合は小数になるためだ。

47ページの画面にもあるように、B10セルをクリックすると、入力されたAVERAGE関数の式が数式バーに表示される。関数の式の構造は、SUM関数のときと同様だ。イコール「=」に続く「AVERAGE」の部分が関数の名前になり、カッコ()の中身が計算の材料つまり「引数」になる。

AVERAGE関数の引数には「B3:B9」と表示されている。この中にはセル番地が2つ含まれる。「B3」と「B9」セルをシートで確認すると、「B3」は1人目の生徒の点数「75」が入力されたセルで、「B9」は最後の生徒の点数「74」が入力されたセルだとわかる。このことから、引数「B3:B9」とは、生徒たちの得点が入力された「B3からB9までのセル範囲」という意味だと想像できる。つまり、**AVERAGE関数の引数には、平均を求める対象となる数値が入力されたセル範囲を指定**すればよいのだ。

AVERAGE関数の中身を確認

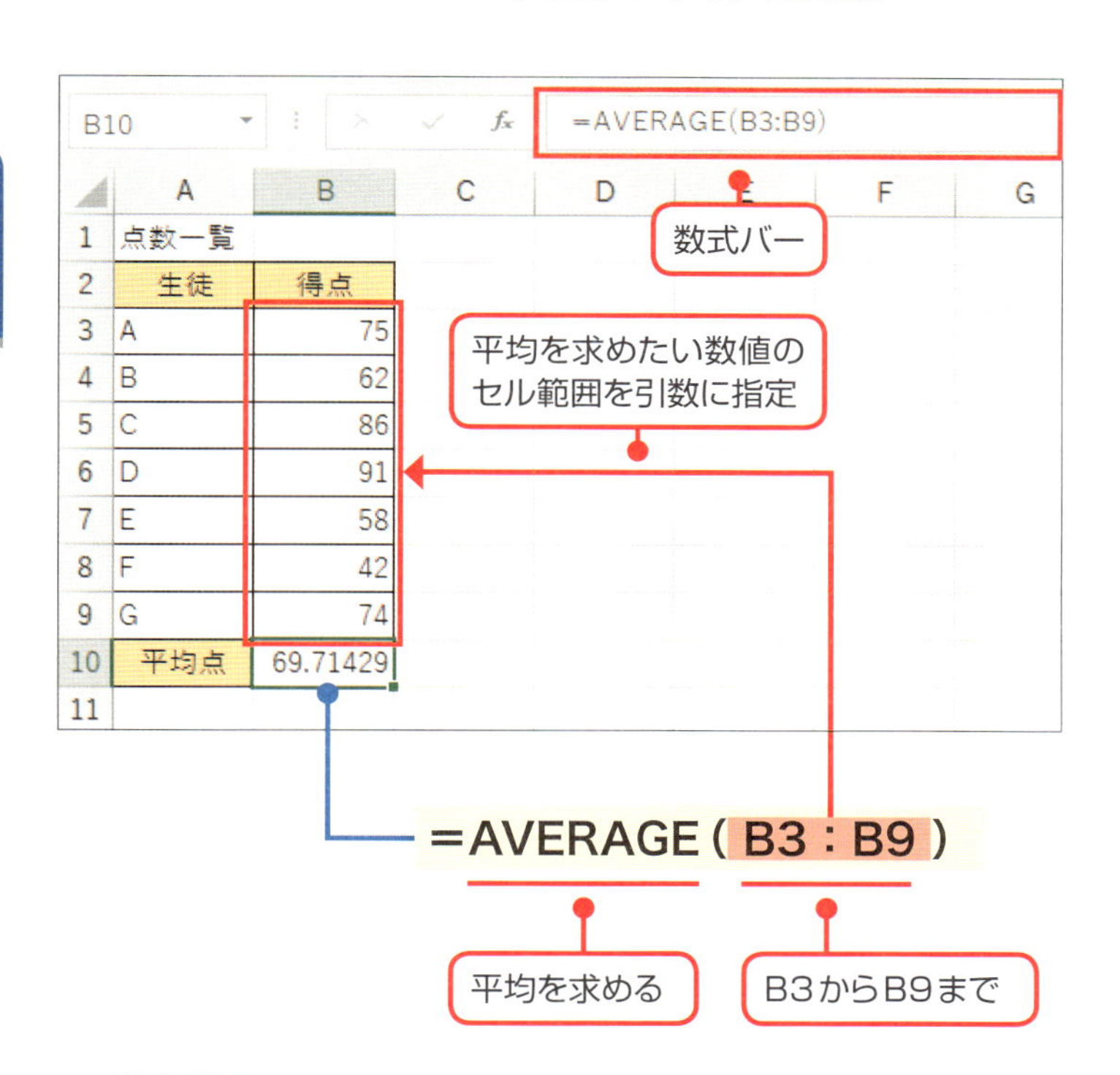

SUMMARY

- 平均を求めるには**AVERAGE関数**を使う
- 引数には、**平均を求めたい数値のセル範囲**を指定する

SECTION 09

いくつのデータがあったか数を数えよう

必読

COUNT関数を入力する

今度はいくつのデータが入力されているのかを数えるために、COUNT(カウント)という関数を使ってみよう。COUNT関数は、名前の通りセルの数を「数える」関数だ。ただし、**数える対象は数値データが入力されたセルに限定される**。文字データが入力されたセルや空欄のセルは対象外になるので注意しよう。

左ページの例では、B3からB9までのセルにテストの点数が入力されている。COUNT関数を使ってこれらのセルを数えると、テストを受けた生徒の人数がわかる。

COUNT関数を入力するには、B10セルをクリックして、「ホーム」タブの「Σ(合計)」ボタン右の▼から「数値の個数」を選べばよい。Enterキーを押せば、関数式の入力が完了して、数値データが入力されたセルの個数がB10セルに表示される。

なお、B10セルをクリックして数式バーを見てみると、「=COUNT(B3:B9)」という式を確認できる。B10セルには、正しくCOUNT関数の式が入力されたようだ。

得点の最高点と最低点を求める

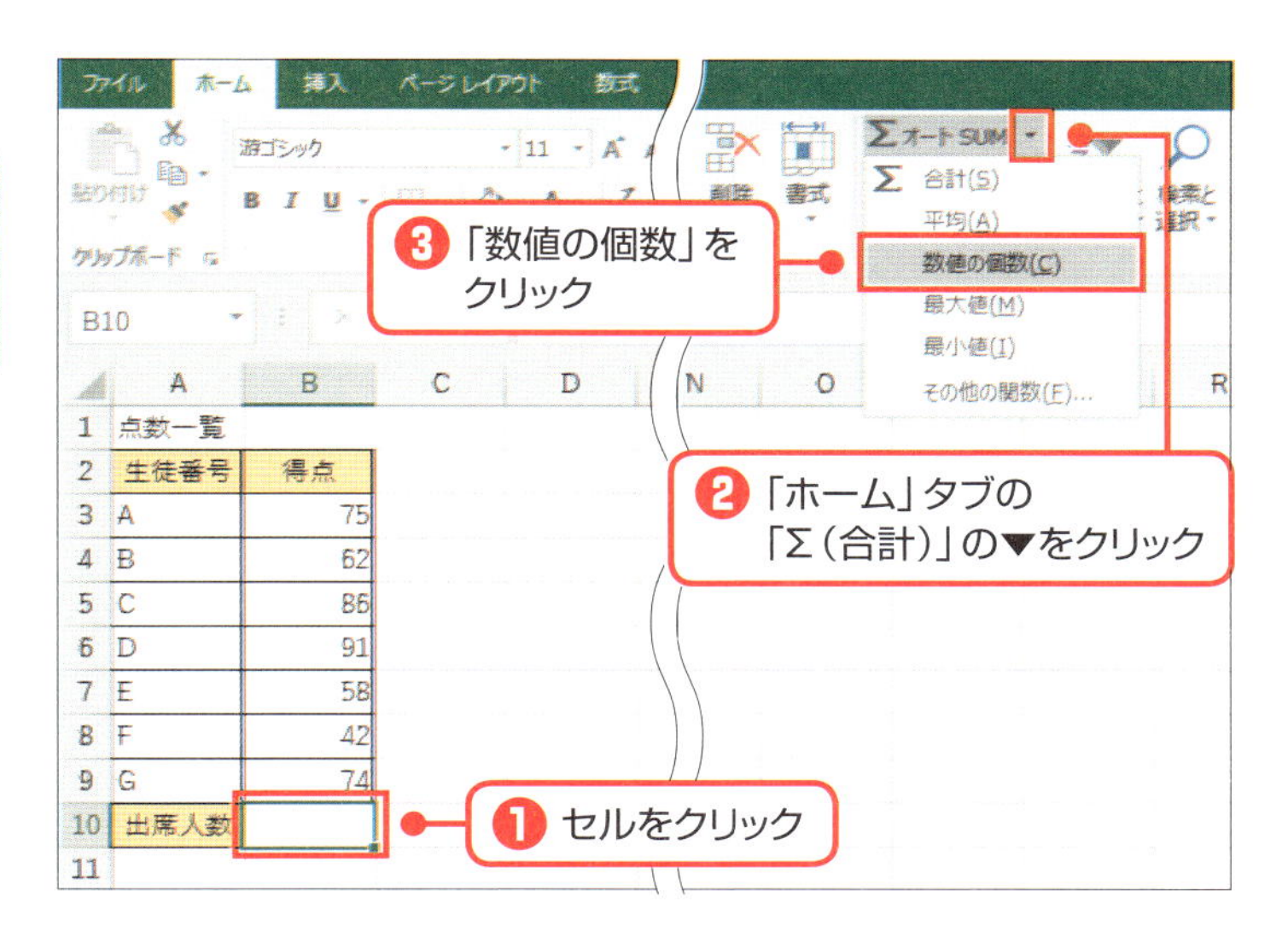

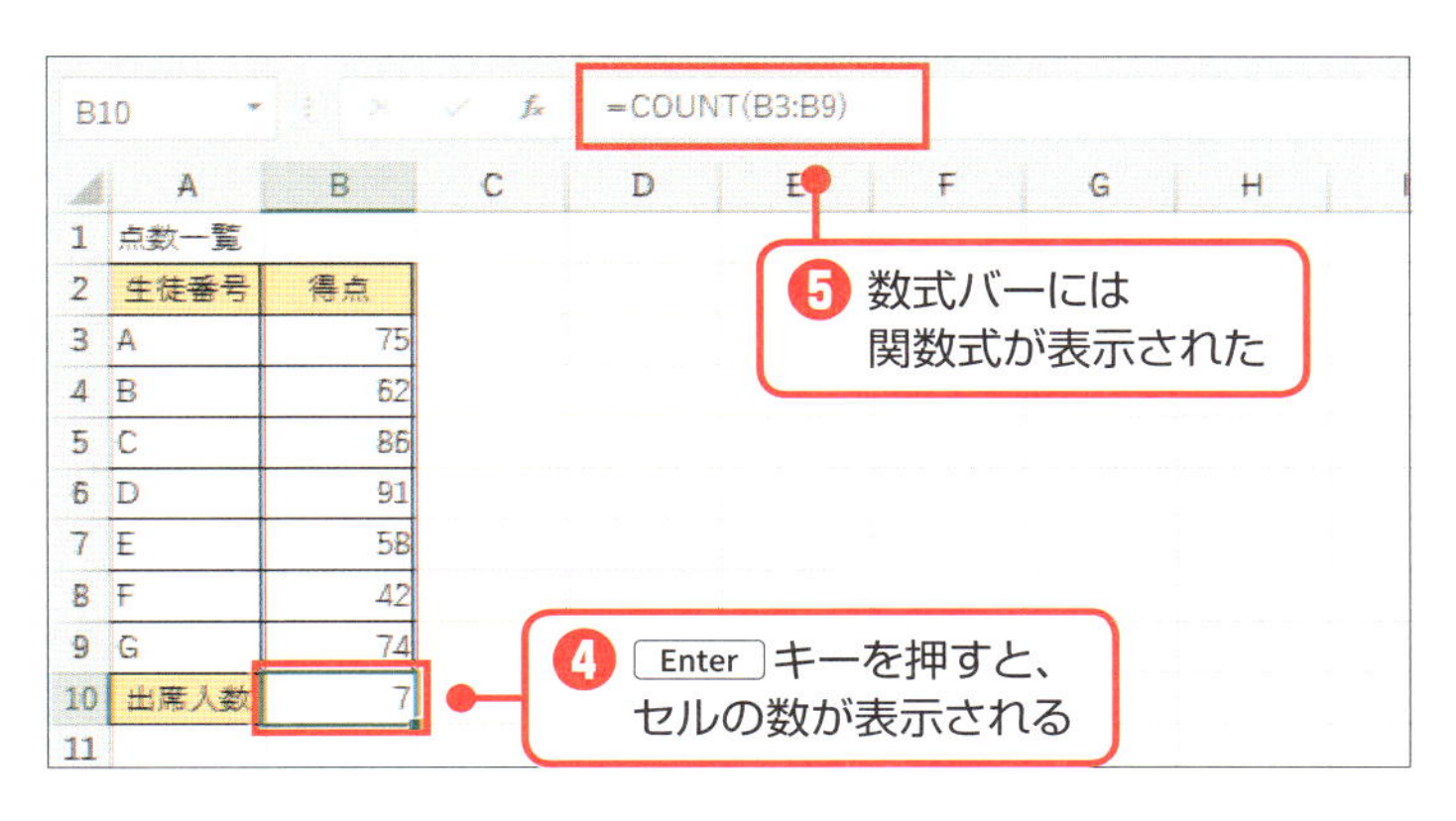

数式バーを見て、中身を理解する

COUNT関数が入力されると、B10セルには「7」と表示されているはずだ。これがテストを受けた生徒の人数、つまり「出席人数」となる。では、COUNT関数でどうやってその結果が算出されたのか、そのしくみを確認しよう。

51ページでも紹介したようにB10セルをクリックすると、入力されたCOUNT関数の式が数式バーに表示される。関数式の構造自体は、SUMやAVERAGEと同様だ。先頭の「=」に続けて関数名が表示される。**COUNT関数は、指定されたセル範囲の中に数値データが入力されたセルがいくつあるのかを求め、その個数を表示する関数**だ。カッコ「(」に続く「引数」の部分には、数える対象となるセル範囲を指定する。

改めて左ページの例を見ると、B10セルに入力されたCOUNT関数の引数には、「B3:B9」と表示されている。この中にある2つのセル番地「B3」と「B9」の位置をシートで確認すると、「B3」は1人目の生徒の得点を入力したセルで、「B9」は最後の生徒の得点を入力したセルだとわかる。実際にこれらのセルの中で数値データが入力されたセルの個数を数えると7件あり、これはCOUNT関数の結果に等しい。つまり、「テストを受けた生徒の人数」を正しく求められたわけだ。

COUNT関数の中身を確認

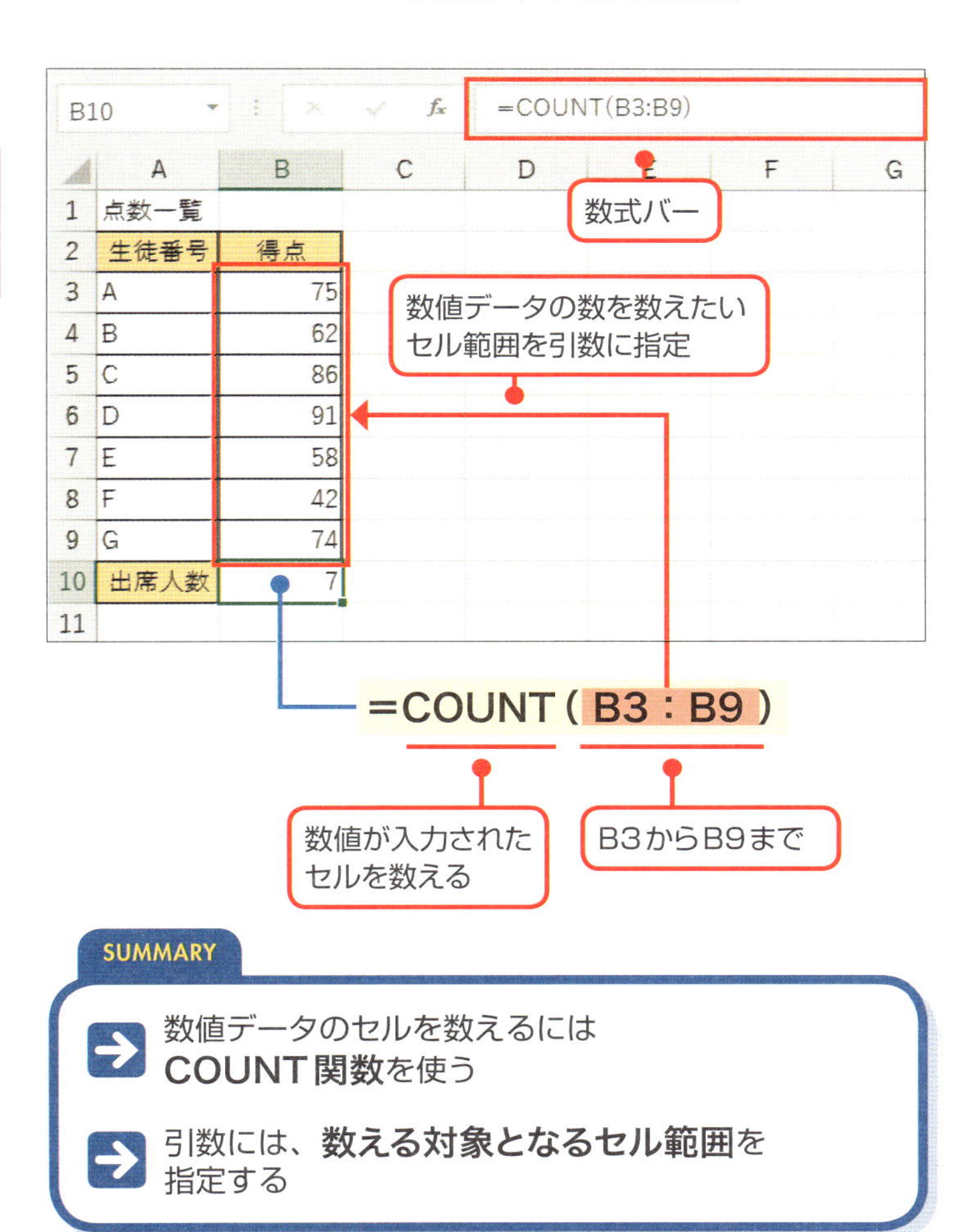

SUMMARY

- 数値データのセルを数えるには**COUNT関数**を使う
- 引数には、**数える対象となるセル範囲**を指定する

SECTION 10

多くのセルの中から、最大値・最小値を求めよう

必読

MAX関数・MIN関数を入力する

今度は、数値が入力された複数のセルの中から「最大値」や「最小値」を探してみよう。「最大値」とは「最も大きい数値」のことで、売上データから最高金額を求める場合などに使う。一方、「最小値」はその反対だ。こちらは、最も低い売上金額やテストの最低点を求めたいときに利用するとよいだろう。**最大値を求めるにはMAX（マックス）関数を、最小値を求めるにはMIN（ミニマム）関数を**、それぞれ使う。

左ページの例では、B列とC列のセルにテストの点数が入力されている。これらの得点の中から最高点を探してB10セルに表示したい。まず、結果を表示するB10セルをクリックして、「ホーム」タブの「Σ（合計）」ボタン右の▼をクリックし、「最大値」を選択する。Enterキーを押すと、B10セルには、得点の中で「最も大きな値」つまり最高点が入力される。同様に、右のC10セルをクリックして、「Σ（合計）」ボタン右の▼から「最小値」を選択すると、C10セルには最低点が表示される。

得点の最高点と最低点を求める

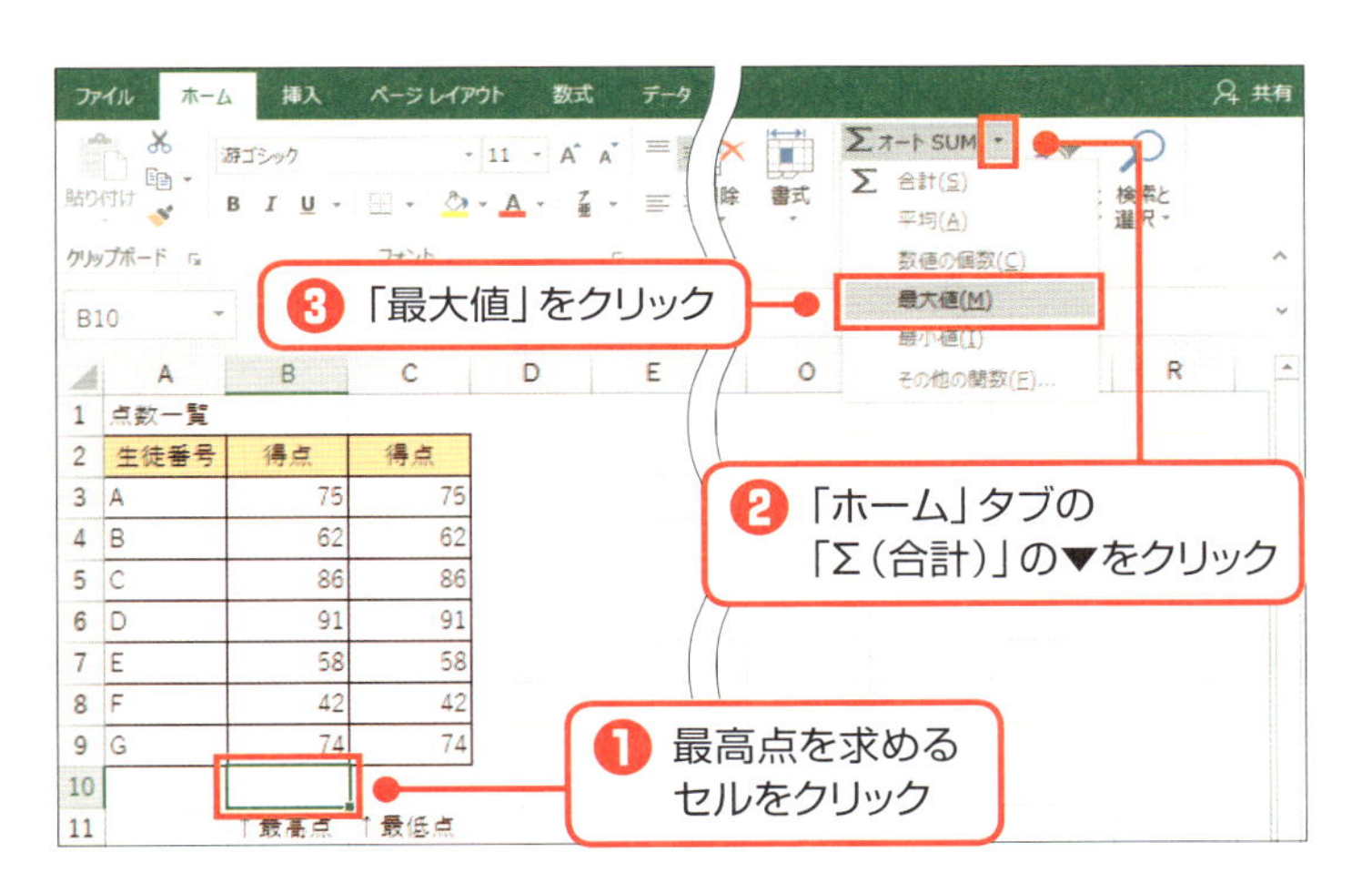

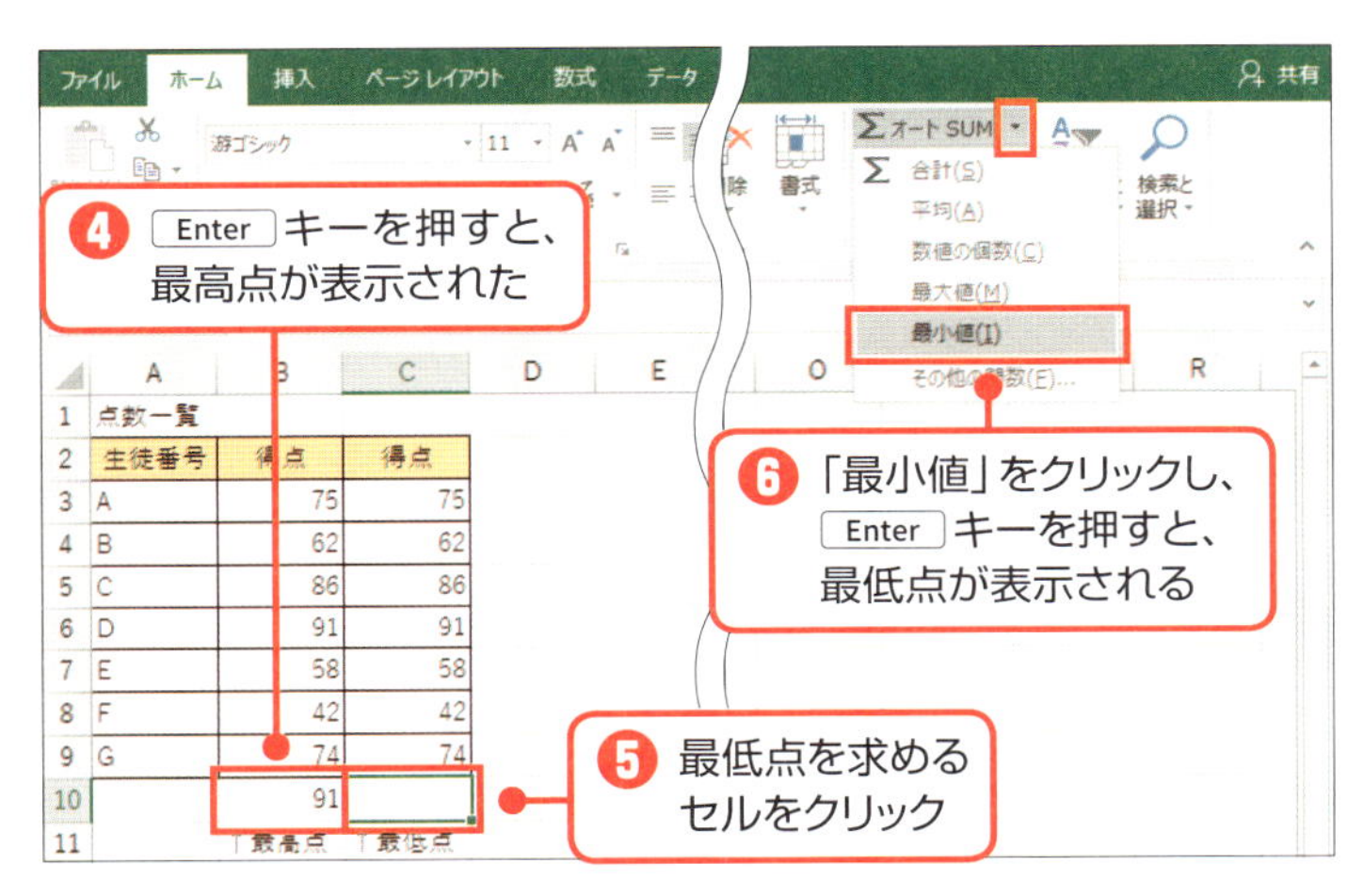

数式バーを見て、中身を理解する

54ページで入力した式の中身を確認しよう。B10セルをクリックして、数式バーを見ると「＝MAX（B3:B9）」という関数式が表示される。また、C10セルには、「＝MIN（C3:C9）」という関数式が入っている。どちらもイコール「＝」に続けて関数名が入力され、**カッコで囲んで引数が指定されている点は、ほかの関数と同様**だ。

ここで関数の結果を見てみよう。ＭＡＸ関数を入力したB10セルには、「91」と表示されている。これは、引数に指定したセル範囲の中で最大の値を表示したものだ。数式バーで引数を見てみると、「B3：B9」という部分がＭＡＸ関数の引数に当たる。

この中にある２つのセル番地を左ページの例で確認しよう。「B3」は１人目の生徒の得点を入力したセルで、「B9」は最後の生徒の得点を入力したセルだ。このことから、引数「B3：B9」の部分は、生徒たちの得点が入力されたセル範囲「B3からB9まで」を指すことがわかる。

同様に、C10セルに入力されたＭＩＮ関数では、カッコ内の引数は「C3：C9」とあるので、C3からC9セルの最小値が正しく表示されている。

MAX関数、MIN関数の中身を確認

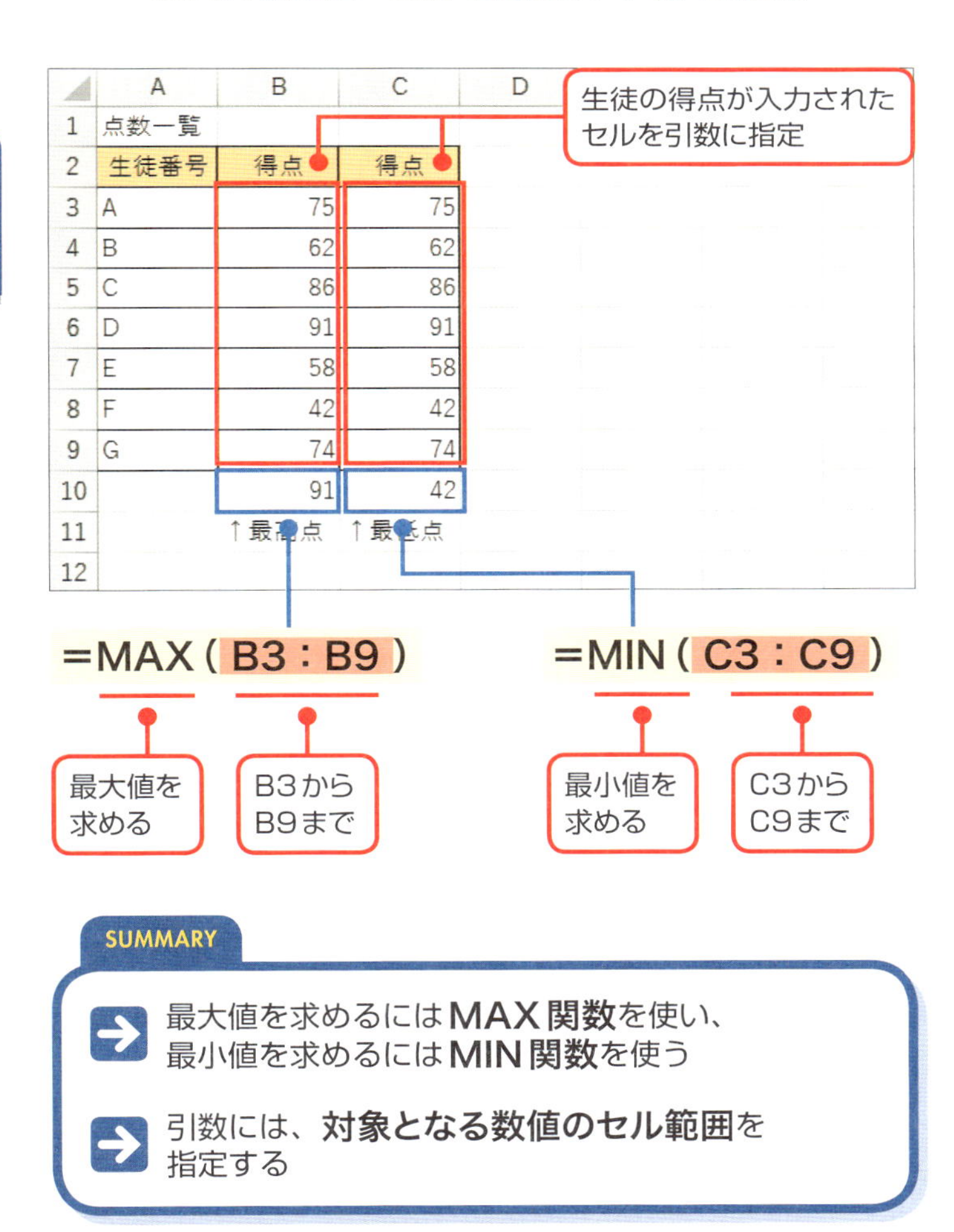

SUMMARY

- 最大値を求めるには**MAX関数**を使い、最小値を求めるには**MIN関数**を使う
- 引数には、**対象となる数値のセル範囲**を指定する

SECTION 11

キーボードから直接関数を入力しよう

必読

キーボードからSUM関数を入力する

ここでは、関数ボタンを使わずに、SUM関数をキーボードから入力して、B3セルからB9セルに入力された得点を合計してみる。B10セルをクリックして、Shiftキーを押しながら「ほ」のキーを押して「=」を半角で入力する。これは、16ページで紹介したように、計算式の先頭には「=」を入力するルールがあるためだ。「Σ」ボタンを使わない場合、「=」は自分で入力する必要がある。

続けて関数の名前「SUM」を半角で入力する。なお、関数名は小文字で入力できる。続けて引数を囲むカッコ「(」も入力しよう。これはShiftキーを押しながら「8」のキーを押せばよい。なお、「:」(コロン)は「け」のキーを押して入力する。引数の「B3:B9」を入力するときも同様に、英字はすべて小文字で入力してかまわない。Shiftキーを押しながら「9」のキーを押して閉じカッコ「)」を入力して、Enterキーを押せば完了だ。

SUM関数を直接入力してみる

	A	B	C	D
1	点数一覧			
2	生徒番号	得点	得点	
3	A	75	75	
4	B	62	62	
5	C	86	86	
6	D	91	91	
7	E	58	58	
8	F	42	42	
9	G	74	74	
10		=		
11				
12				

❶ セルをクリックして「=」を入力

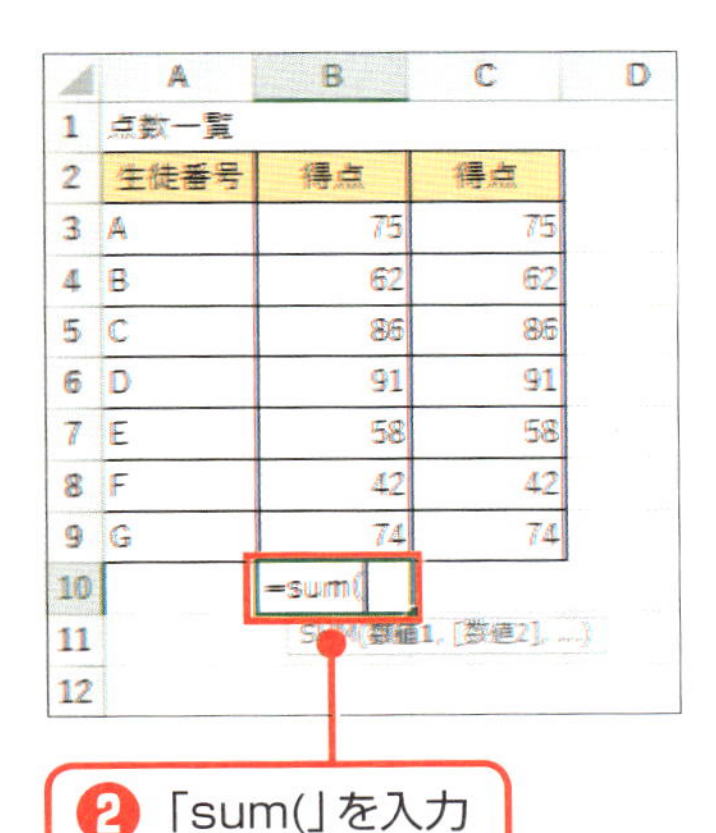

	A	B	C	D
1	点数一覧			
2	生徒番号	得点	得点	
3	A	75	75	
4	B	62	62	
5	C	86	86	
6	D	91	91	
7	E	58	58	
8	F	42	42	
9	G	74	74	
10		=sum(		
11		SUM(数値1, [数値2], ...)		
12				

❷「sum(」を入力

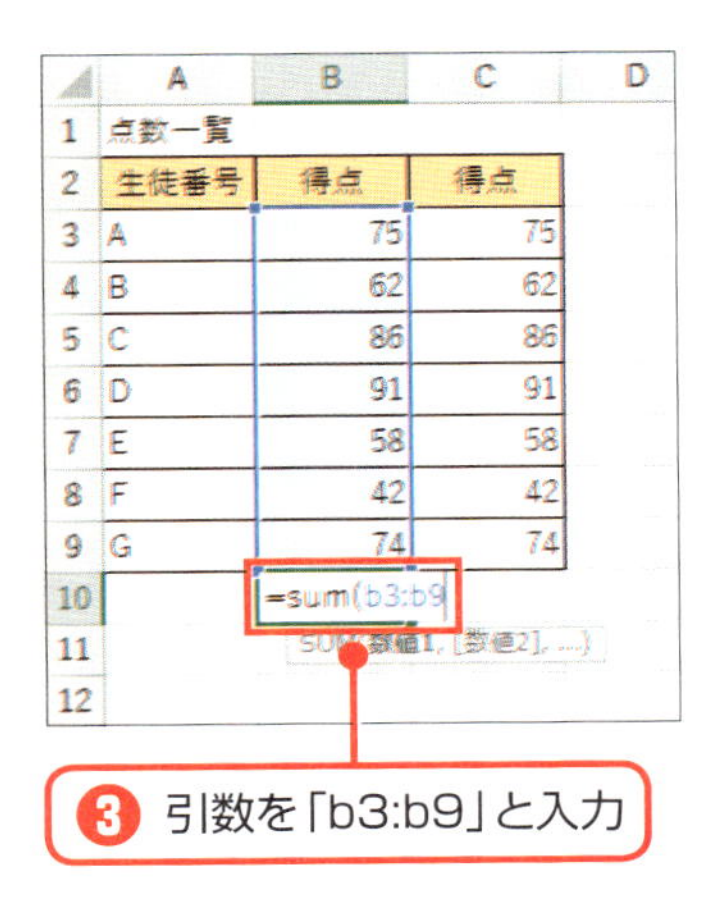

	A	B	C	D
1	点数一覧			
2	生徒番号	得点	得点	
3	A	75	75	
4	B	62	62	
5	C	86	86	
6	D	91	91	
7	E	58	58	
8	F	42	42	
9	G	74	74	
10		=sum(b3:b9		
11		SUM(数値1, [数値2], ...)		
12				

❸ 引数を「b3:b9」と入力

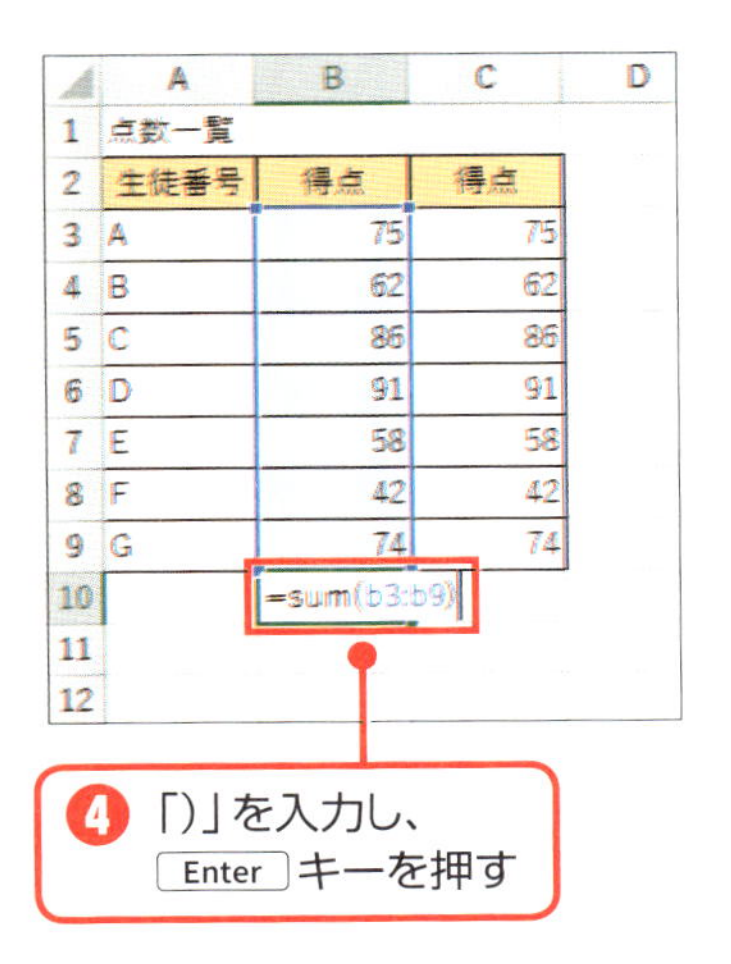

	A	B	C	D
1	点数一覧			
2	生徒番号	得点	得点	
3	A	75	75	
4	B	62	62	
5	C	86	86	
6	D	91	91	
7	E	58	58	
8	F	42	42	
9	G	74	74	
10		=sum(b3:b9)		
11				
12				

❹「)」を入力し、Enter キーを押す

隣のセルにCOUNT関数を入力する

58ページでSUM関数の式を入力すると、B10セルにはB列の得点の合計値が「488」と表示される。では、もう一度おさらいだ。その右のセルに、今度は50ページで紹介したCOUNT関数を入力したい。COUNT関数をC10セルに入力して、C3からC9までのセルに入力されている数値データの個数を数えてみよう。

まず、結果を表示させたいC10セルをクリックして、最初に先頭のイコール「=」を入力したら、関数名「count」を入力する。関数の名前は小文字で入力しても問題ない。続けて「(」を入力する。

引数には、数値データの個数を数える対象であるセル範囲を指定する。セル範囲をマウスでドラッグして選んでみよう。C3セルからドラッグを開始して、C9セルまで来たらドラッグを終了する。すると、C3からC9までのセルが点滅して、C10セルに入力した「(」の続きに、ドラッグしたセル範囲が「C3:C9」と表示される。最後に閉じカッコ「)」を入力して Enter キーを押せば、COUNT関数の入力は完了だ。

このように**キーボードを使わずに、ドラッグしてセル範囲を指定することもできる。**C10セルには結果の「7」件が表示される。

今度はCOUNT関数を入力する

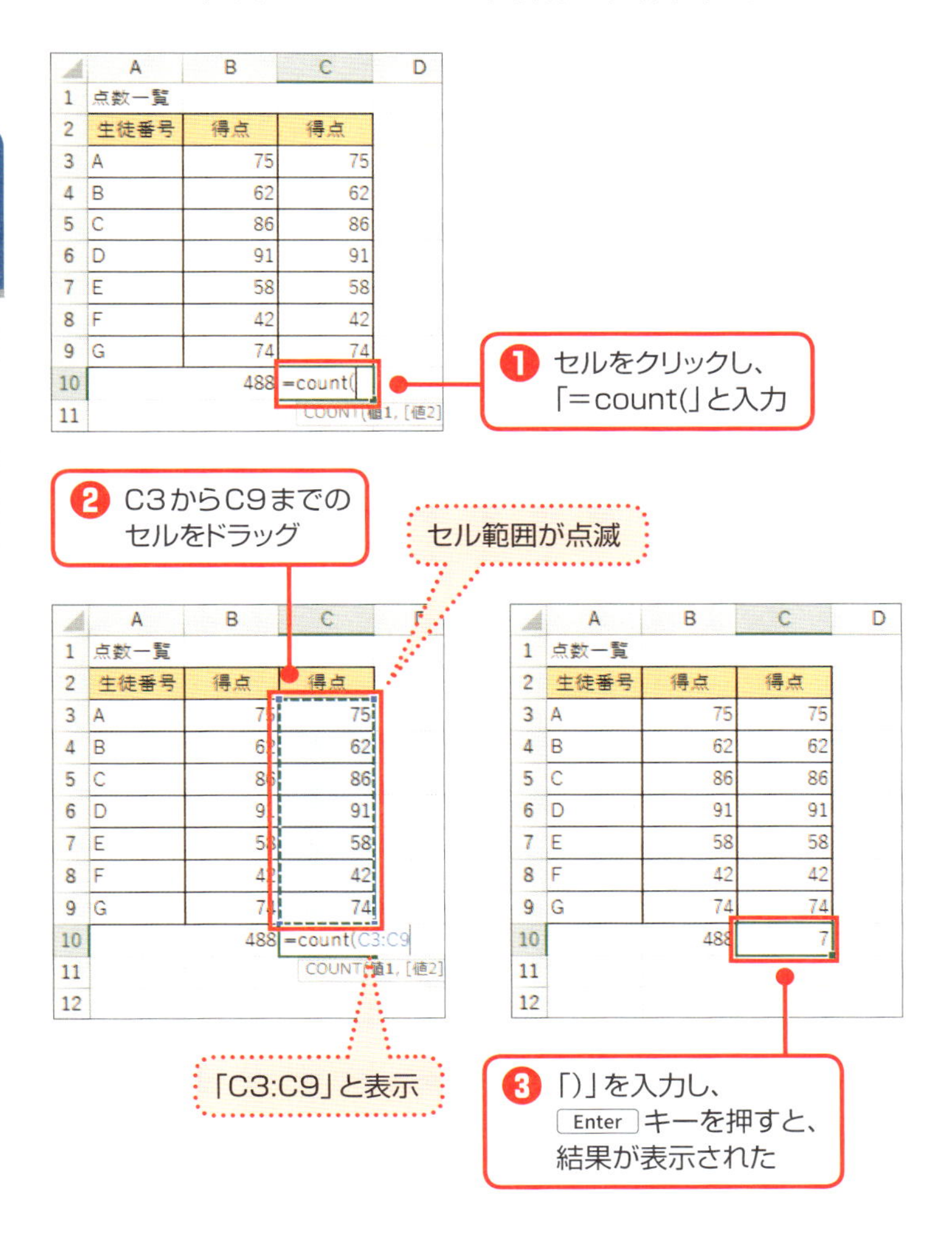

SECTION 12

引数の範囲を変更して、正しい計算結果を求めよう

必読

合計の下に平均を求めてみると、予想外の計算結果が！

左ページの例のB10セルには、すでにSUM関数が入力済みで、B3からB9セルに入力された得点を合計している。今度はこの下のセルに平均点を出してみたい。

まず、平均点を表示したいB11セルをクリックして、「ホーム」タブの「Σ（合計）」ボタン右の▼をクリックして「平均」を選択する。これでB11セルにはAVERAGE関数の式が入力される。Enterキーを押せば、セルには計算結果が表示される。

求められた平均点は「122」となっている。これは妙だ。そもそも100点満点のテストなのだから平均点が100点を超えるはずはない。また、B3からB9セルに入力した各生徒の点数は47ページの例と同じにしている。したがって、47ページで求めた平均点と同じ「69.71429」がここでも表示されなければおかしいのだ。

このようにB11セルにAVERAGE関数を入力したところ、予想外の結果が出てしまったわけだが、いったい何がいけなかったのだろう。次にこの原因を探ってみよう。

合計の下に平均を求めてみる

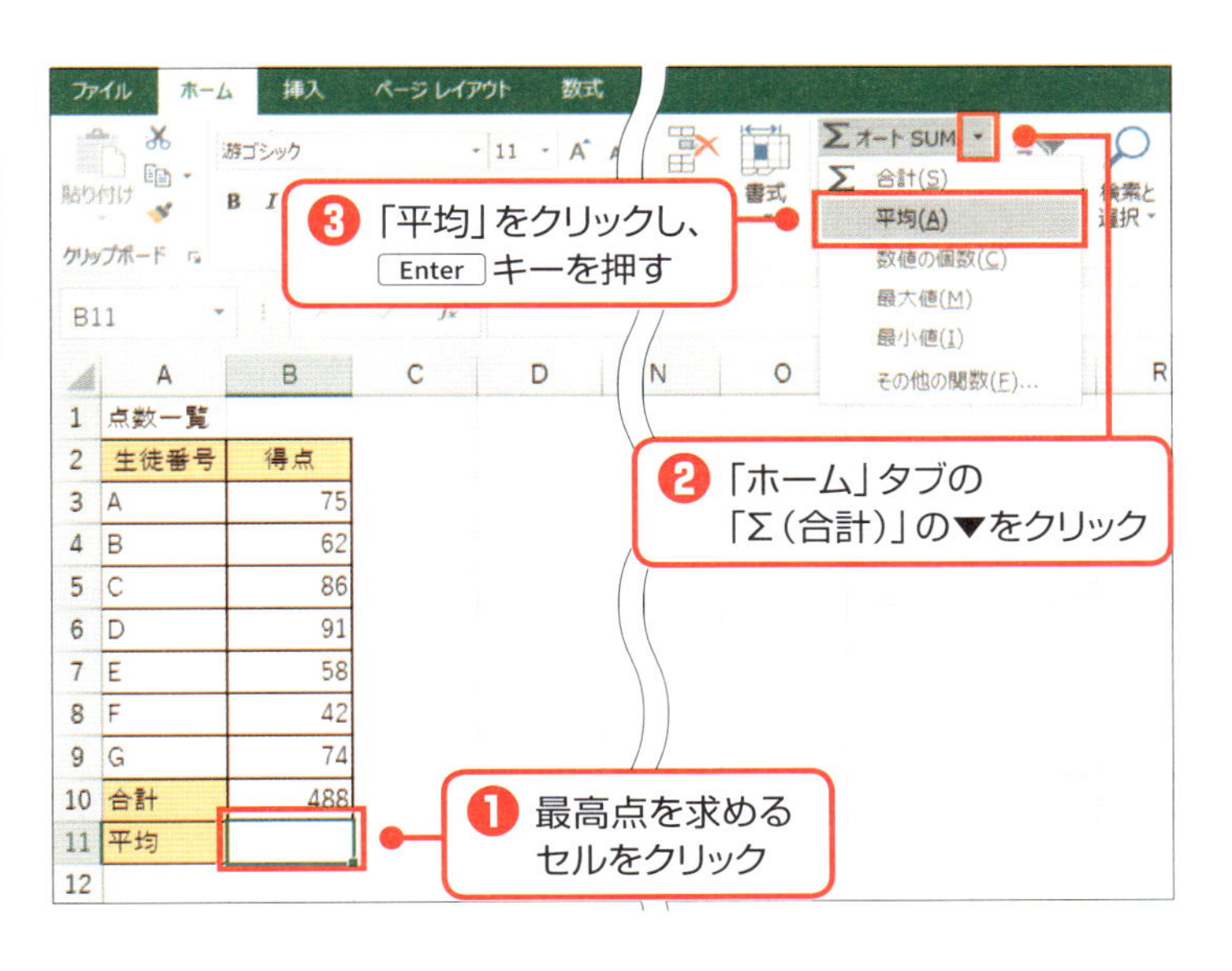

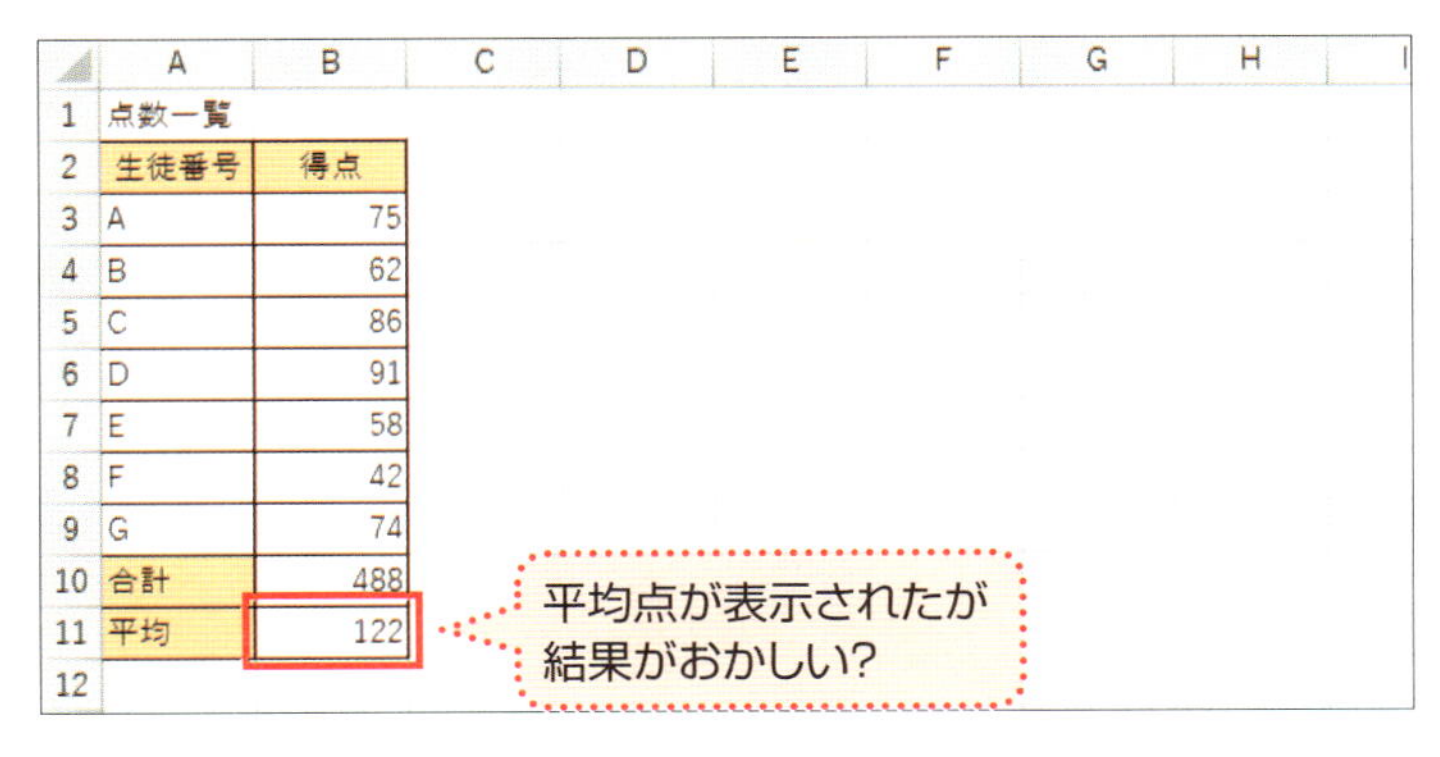

どこを引数にしているかを確認する

B11セルをダブルクリックすると、「122」と表示されていたセルに「=AVERAGE(B3:B10)」という式が表示される。エクセルでは、**計算式を入力したセルをダブルクリックすると、セルの表示が計算結果から計算式の内容へと切り替わる**。これまでは、入力した関数式の内容を確認するのに数式バーを使っていたが、ダブルクリックすれば、セル内ですぐさま式を確認できて便利だ。

ダブルクリックしてセル内に関数式が表示されると、シート上に色の付いた枠線が現れる。この枠線は、**引数として使われているセル範囲**を表すものだ。左ページの下の例では、青い枠線で囲まれたセルが、AVERAGE関数の引数のセル範囲に一致する。

青い枠が囲んでいる場所を見てみると、「B3」から「B10」までのセル範囲になる。「B3」は1人目の生徒の得点を入力したセルだからこれは問題ない。ところが、生徒の得点は「B9」までのセルに入力されているのに対して、青い枠はその下のB10セルまでを囲んでいる。ちなみにこのB10セルに入力されているのは、SUM関数で求めた得点の合計値だ。つまり、これがAVERAGE関数の引数に含まれているため、正しい平均点が表示されなかったのだとわかる。

引数のセルをカラー表示にして確認

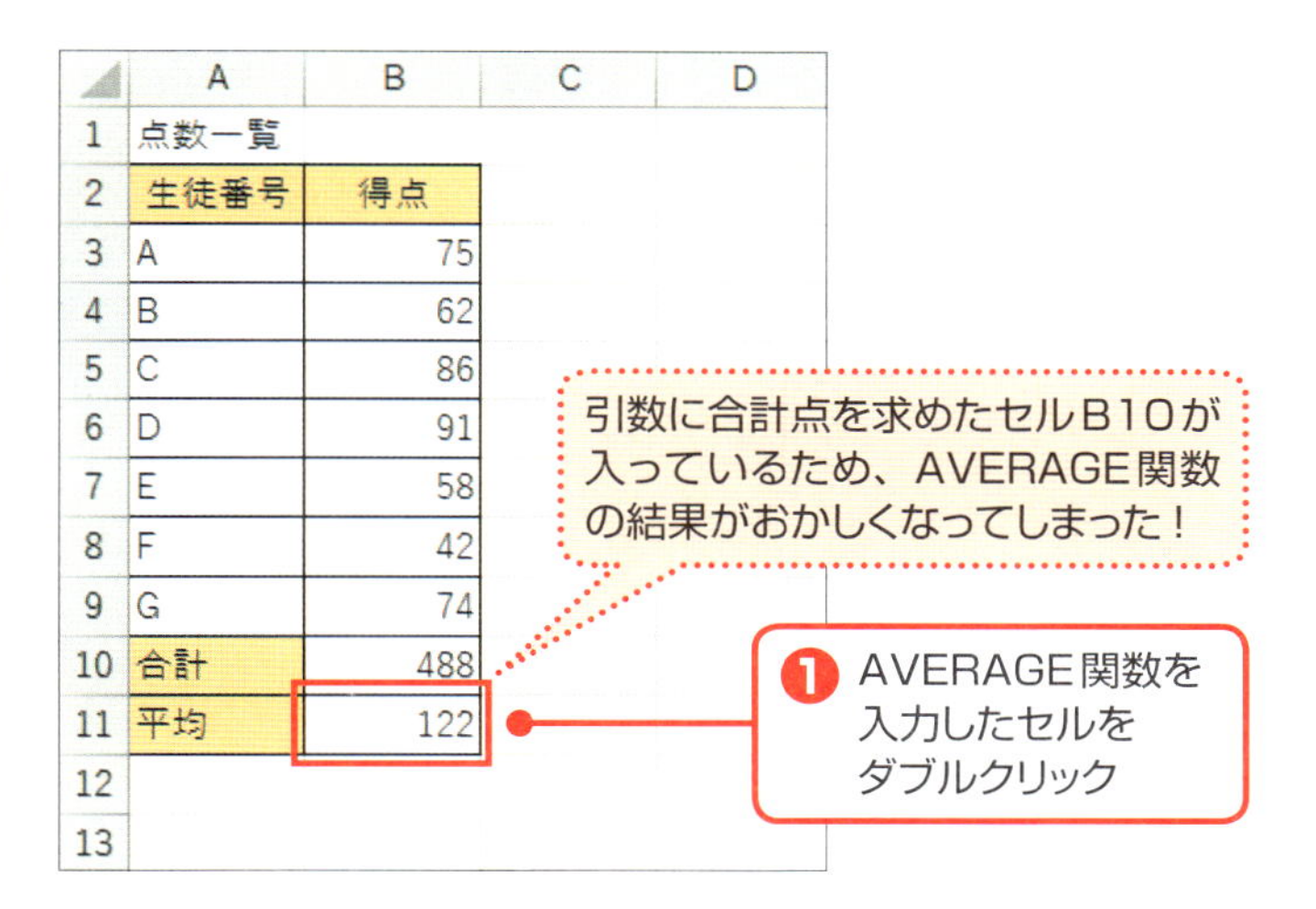

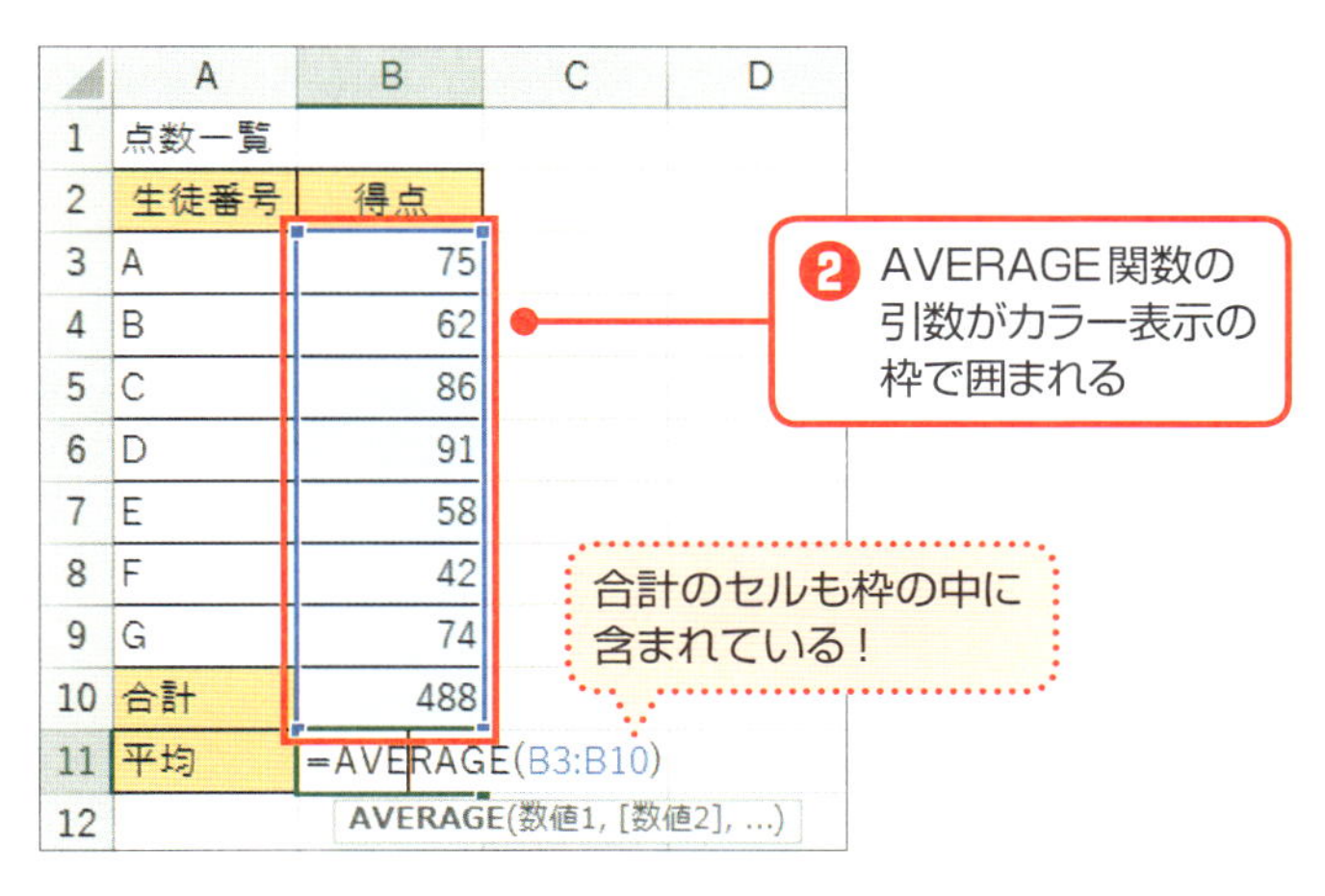

引数の範囲を変更して、正しい式に修正する

ＡＶＥＲＡＧＥ関数の引数の範囲を修正しよう。**ＡＶＥＲＡＧＥ関数の結果が正しくない原因は、64ページで調べたように、ＳＵＭ関数で合計点を求めたセルB10が引数に含まれていることにあった。**したがって、B10セルを引数の範囲から除外して、平均を求めるセル範囲が「B3からB9まで」となるように訂正すればよいわけだ。

64ページの操作のようにB11セルをダブルクリックすると、セルにはＡＶＥＲＡＧＥ関数の式が表示される。同時に文字カーソルもセル内に表示されているはずだ。そのカーソルを移動して、「B3：B10」と表示されているセル番地の「B10」を「B9」に変更しよう。Enterキーを押せば、計算式の書き換えが終了する。

その後、改めてB11セルを見てみると、変更前は「１２２」と表示されていた計算結果が、「69.71429」になった。47ページで使っている表は左ページの例と同じ内容のもので、ここでもＡＶＥＲＡＧＥ関数を使って得点の平均値を求めている。47ページのセルB10には、結果が「69.71429」と表示されていて、これは左ページの例の結果と同じ値だ。つまり、左ページの例の関数式を修正した結果、B11セルに入力したＡＶＥＲＡＧＥ関数の引数の範囲が修正され、本来のセル範囲で正しく再計算されたのだとわかる。

合計点のセルB10を引数から外す

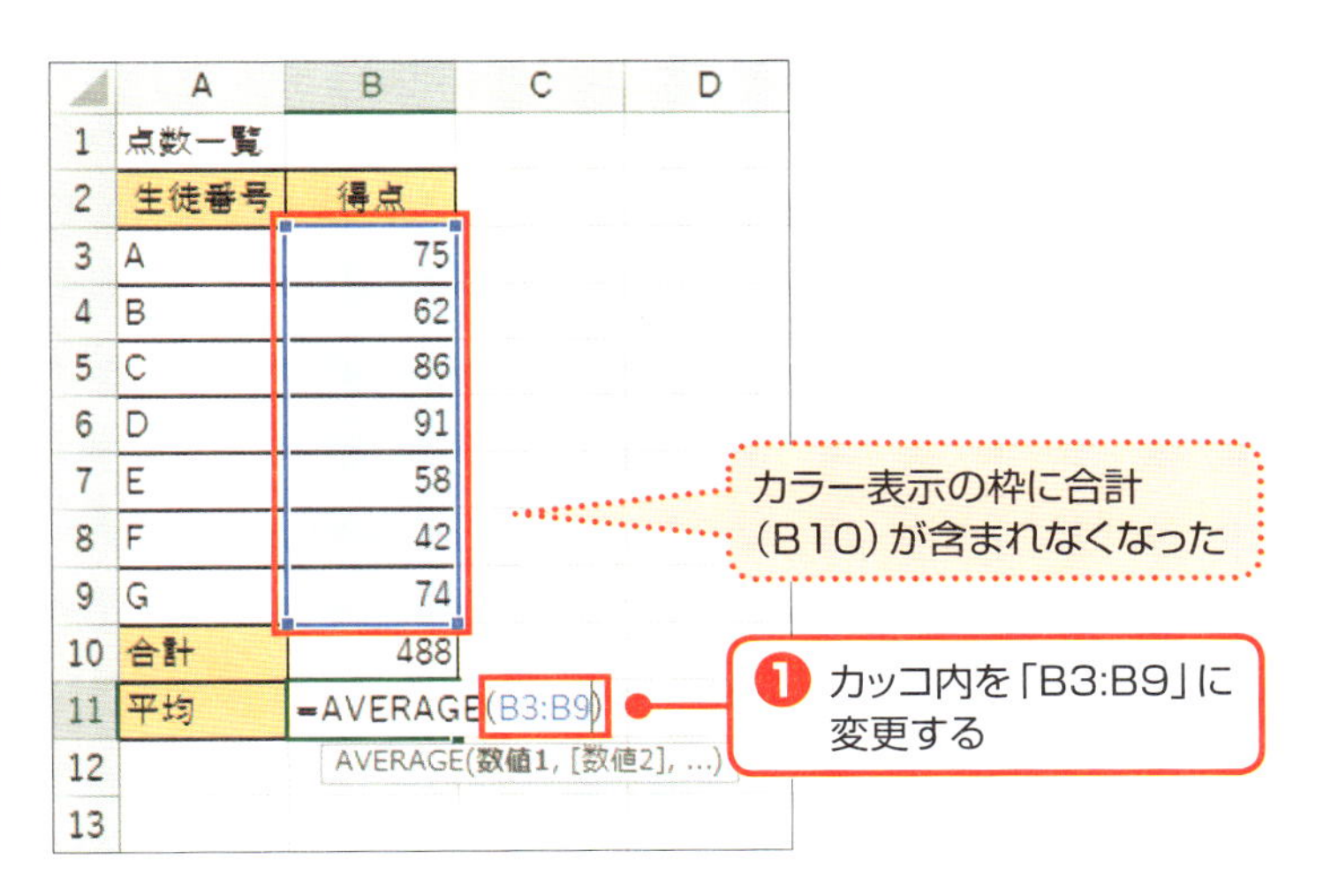

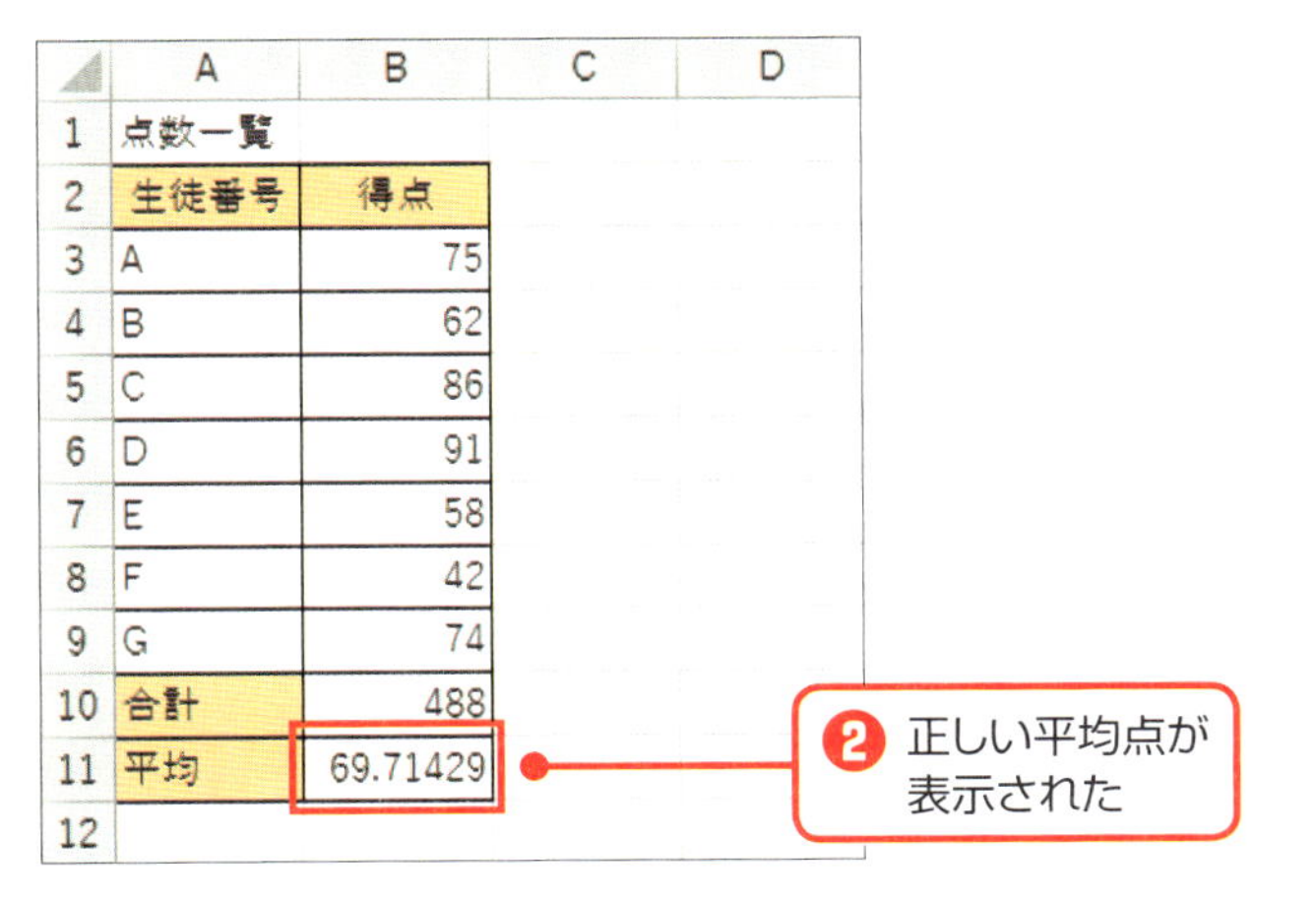

SECTION 13

引数と戻り値 ～関数のしくみをマスターしよう

必読

関数が入力された式を見て、引数の役割を知る

改めて左ページの例を見てほしい。生徒の点数をまとめた表がある。B10セルにもう一度合計点を求めるSUM関数を入力して、引数の役割を確認しよう。SUM関数を入力するには、「ホーム」タブの「Σ」ボタンを使う。

B10セルをクリックして、「ホーム」タブの「Σ」ボタンをクリックする。続けてEnterキーを押せば、SUM関数の入力が完了して、B10セルには「488」と表示される。これが全員の得点を合計した値になる。

B10セルをもう一度クリックして、数式バーに表示された計算式を見てみると、「=SUM(B3:B9)」と表示される。カッコ内の部分が入力したSUM関数の引数だ。ここに表示されたセル番地を、実際のシートで確認すると、B3セルは最初の生徒の得点であり、B9セルは最後の生徒の得点が入力されたセルに当たる。つまり、「B3セルからB9セルまでの範囲」が合計範囲として指定されている。

もう一度SUM関数を入力してみる

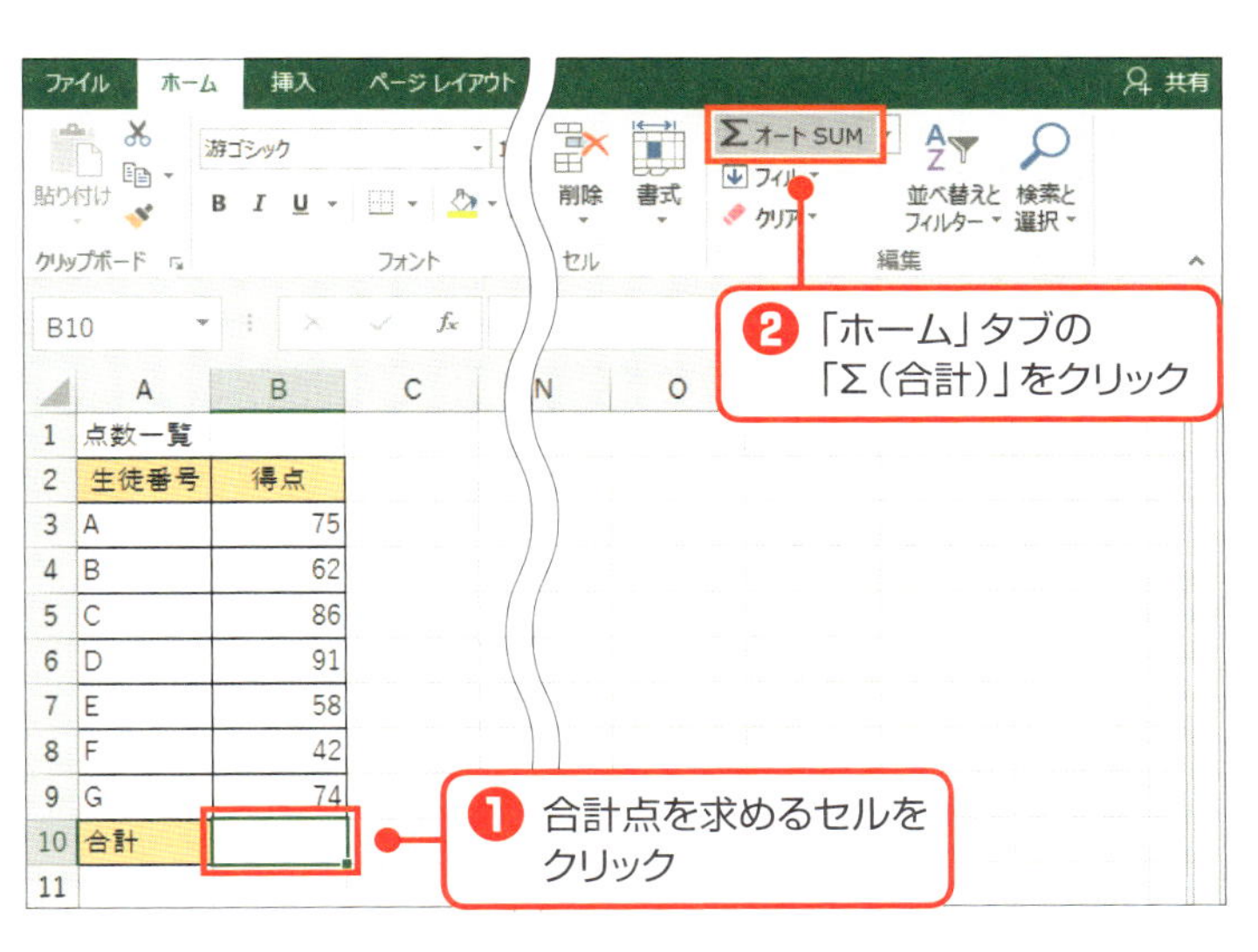

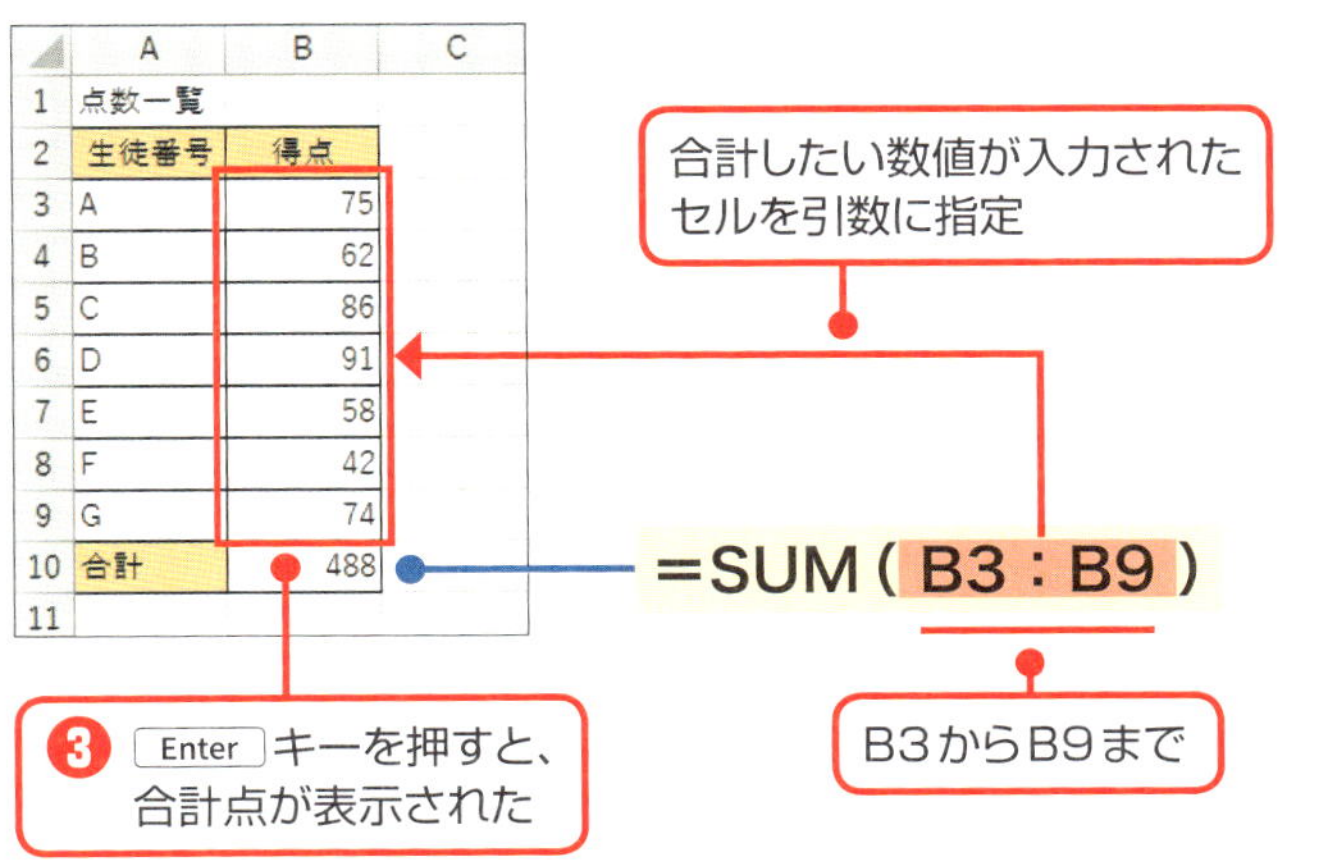

引数の中の「：」（コロン）の意味を知る

69ページのＳＵＭ関数では、引数に「B3：B9」と表示されている。ここで気になるのが引数のセル番地の間に表示されている記号の「：」（コロン）だ。

69ページでシートのセルと突き合わせて確認したことから考えると、このＳＵＭ関数の引数部分は、「B3からB9まで」という意味になると推測できる。ということは、記号の「：」は一連の範囲を示す記号ではないだろうか。

本書では、これまで平均を求めるＡＶＥＲＡＧＥ関数や、数値が入力されたセルの数を数えるＣＯＵＮＴ関数などを扱ってきた。左ページの例を見てほしい。上段右がＡＶＥＲＡＧＥ関数を使って平均点を求めている例で、下段がＣＯＵＮＴ関数を使って得点欄に数値が入力されたセルの数を数えている例だ。どちらの関数式でも、計算に必要なセルは「B3からB9まで」になる。そして、カッコ内の引数には生徒の点数が入力されたセル範囲が「B3：B9」と指定されている。

つまり、**引数内の「：」とは、「○○から○○まで」という一連のセル範囲を表す記号**と考えられる。したがって、連続したセル範囲を引数に指定する場合は、「：」を挟んでセル範囲の先頭と末尾のセルを指定すればよい。

引数の「：」は範囲を表す

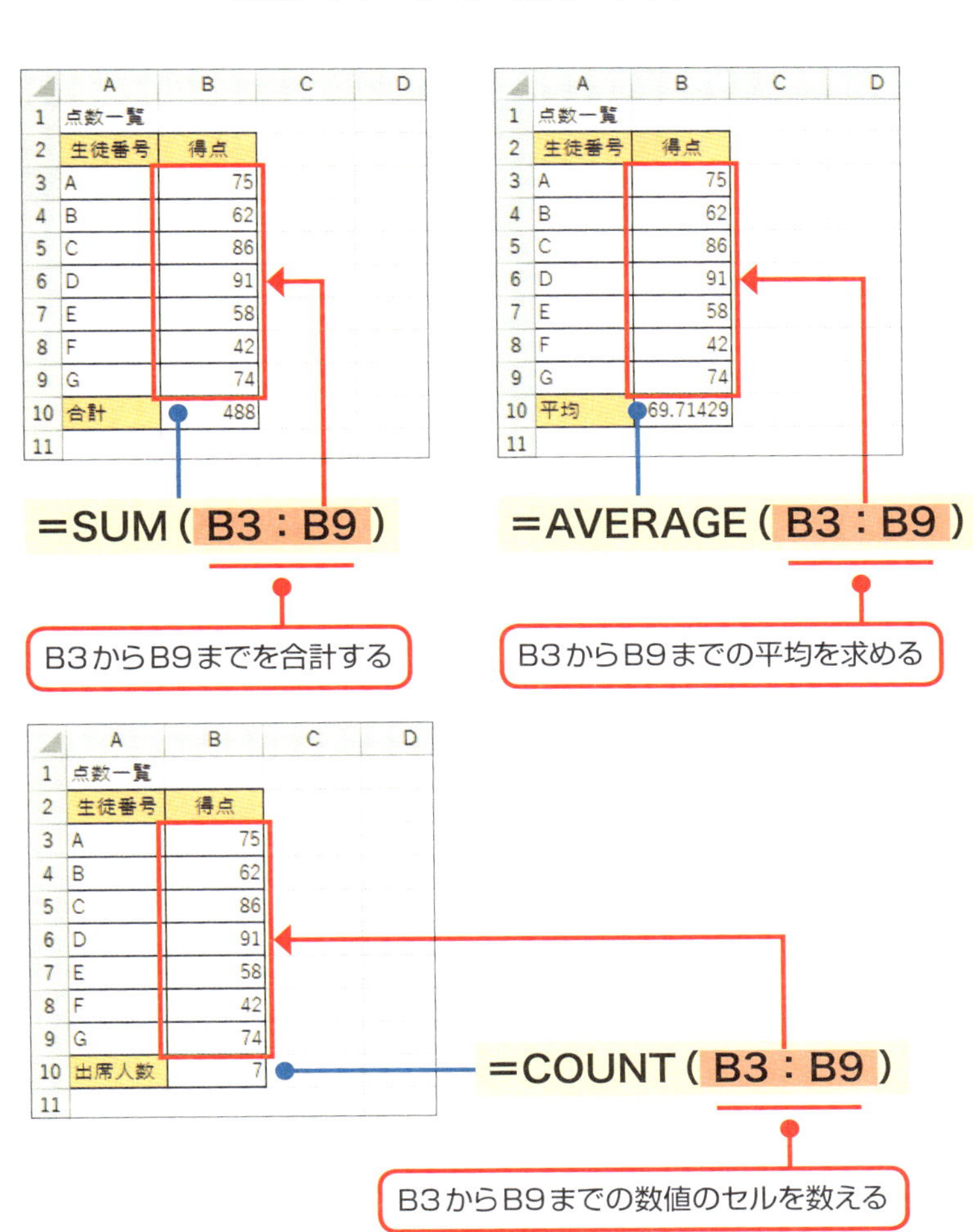

点数一覧
生徒番号
得点
A 75
B 62
C 86
D 91
E 58
F 42
G 74
合計 488
=SUM（B3：B9）
B3からB9までを合計する
平均 69.71429
=AVERAGE（B3：B9）
B3からB9までの平均を求める
出席人数 7
=COUNT（B3：B9）
B3からB9までの数値のセルを数える

「戻り値」とは?

続けて、もう1つの疑問を解決しよう。それはセルに表示される実行結果と数式バーに表示される内容が違っていることだ。69ページの例では、SUM関数を入力したセルB10には「488」という数字が表示されている。これはSUM関数を実行した結果だ。

このように、関数式では、Enterキーを押して入力を確定すると、セルの表示は関数の実行結果に変わる。69ページでSUM関数を入力したときも、Enterキーを押した瞬間、セル内の表示が関数の式から「488」に変わったはずだ。

26ページで解説したように、適当なセルに「=1+2+3」と足し算の計算式を入力してEnterキーを押すと、セルには計算の結果が「6」と表示される。SUM関数を入力したときの動きもこれによく似ているのは、関数式が「計算式」の一種だからだ。

このように、**関数の実行結果としてセルに表示される内容を「戻り値」と呼ぶ**。セルには実行結果である「戻り値」が表示され、入力した関数式そのものはセルをクリックしたときに数式バーに表示される。これは、28ページで説明したように、数式バーには、セルに入力した内容がそのまま表示されるためだ。したがって、関数式の内容は、関数式が入力されたセルを選んで数式バーを確認すればよい。

関数式を入力したセルには「戻り値」が表示される

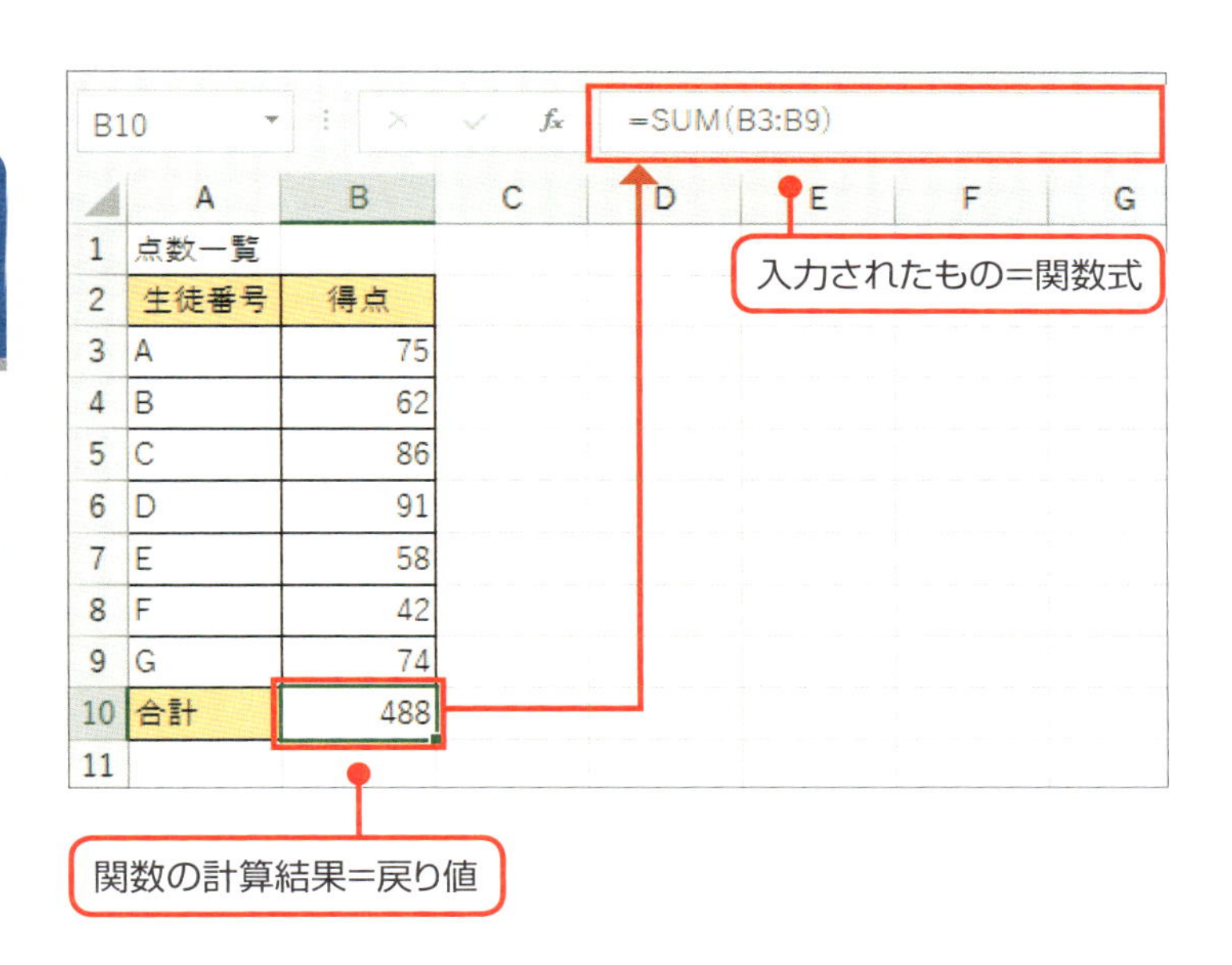

SUMMARY

- 「戻り値」とは、関数の実行結果のこと
- 入力されるのは関数式だが、
  セルに表示されるのは「戻り値」

SECTION 14

関数式は、ただの値に過ぎない!?

必読

関数の戻り値に四則演算を加える

関数式の計算の結果、セルに表示される値を「戻り値」と呼ぶ。たとえばSUM関数では、複数のセルの数値を合計した結果が「戻り値」として表示されるわけだ。では、それらの戻り値を別の計算に使うことはできるだろうか。

左ページの例のD3からD5セルには、各商品の税抜き金額が求められている。これらの金額をSUM関数で合計して、それに消費税額を加えた「税込合計金額」を求めよう。

実際に計算式を入力してみよう。D6セルを選び、SUM関数の式を「=SUM(d3:d5)」と入力する。SUM関数の閉じカッコ「)」を入力したら、続けてその結果を1.08倍する計算の部分を追加する。これは、掛け算の式なので「＊1.08」と入力すればよい。Enterキーを押せば、計算式の入力は完了だ。D6セルには「163,080」と表示される。これが求められた税込合計金額だ。このことからわかるように、どうやら関数の実行結果、**すなわち「戻り値」はそのままほかの計算にも使える**ようだ。

SUM関数の戻り値を計算に使う

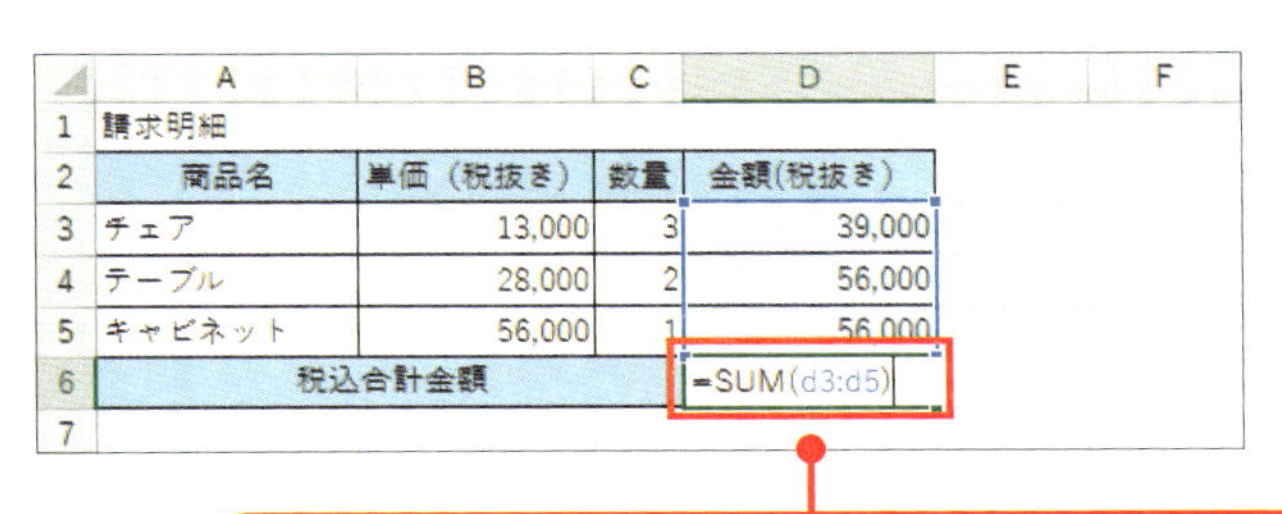

	A	B	C	D	E	F
1	請求明細					
2	商品名	単価（税抜き）	数量	金額(税抜き)		
3	チェア	13,000	3	39,000		
4	テーブル	28,000	2	56,000		
5	キャビネット	56,000	1	56,000		
6	税込合計金額			=SUM(d3:d5)		
7						

❶ D3からD5の金額を合計するSUM関数の式を入力

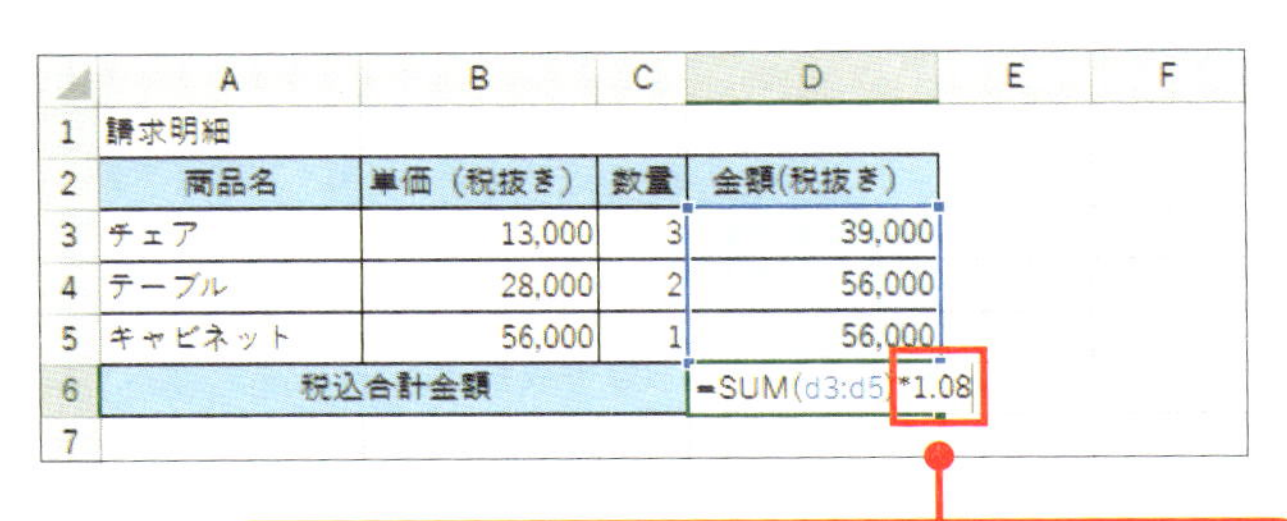

	A	B	C	D	E	F
1	請求明細					
2	商品名	単価（税抜き）	数量	金額(税抜き)		
3	チェア	13,000	3	39,000		
4	テーブル	28,000	2	56,000		
5	キャビネット	56,000	1	56,000		
6	税込合計金額			=SUM(d3:d5)*1.08		
7						

❷ 続けて「＊1.08」と入力し、Enter キーを押す

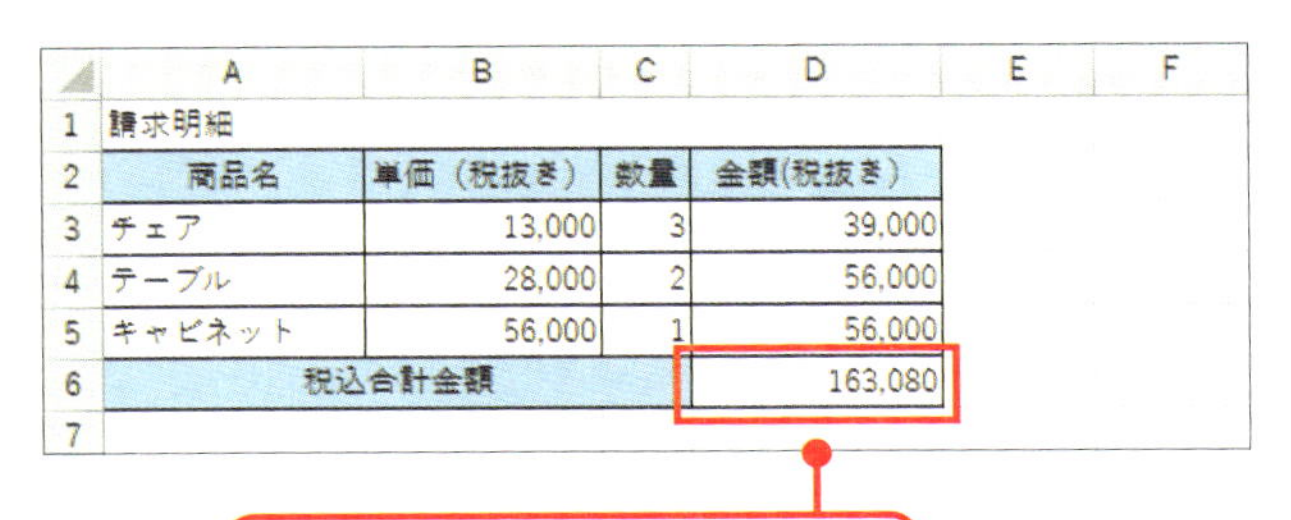

	A	B	C	D	E	F
1	請求明細					
2	商品名	単価（税抜き）	数量	金額(税抜き)		
3	チェア	13,000	3	39,000		
4	テーブル	28,000	2	56,000		
5	キャビネット	56,000	1	56,000		
6	税込合計金額			163,080		
7						

❸ 税込合計金額が表示された

「戻り値」は通常の数値と同じ扱い

D6セルに入力した計算式が実行され、結果となる「163,080」を導き出すまでの流れを確認してみよう。

74ページでは、キーボードから計算の式を直接入力した。D6セルに入力された計算式は、最終的に「＝SUM(D3:D5)＊1.08」となる。この中で関数式の部分は、前半の「＝SUM(D3:D5)」だ。エクセル内部では、このような**関数の式の部分はほかの部分とは独立して計算される**。したがって、D3からD5セルの税抜き金額をSUM関数で合計した結果として、「151,000」という戻り値がまず返される。

続けて、計算式の後半が実行される。税込金額を求めるため、この戻り値の「151,000」に「1.08」が掛け算される。「151,000×1.08」という掛け算の計算が行われ、最終的に、セルに計算結果が「163,080」と表示されるしくみだ。

この例からわかったように、関数式の計算結果である「戻り値」は特別なものではない。セルに入力した通常の数値と同じように計算式内で利用できる。計算式の中に直接関数の式を挿入しても、問題なく計算が実行されたのはそのためだ。**戻り値は普通の数値と同様に扱おう**。

「戻り値」は普通の数値と同じように計算に使える

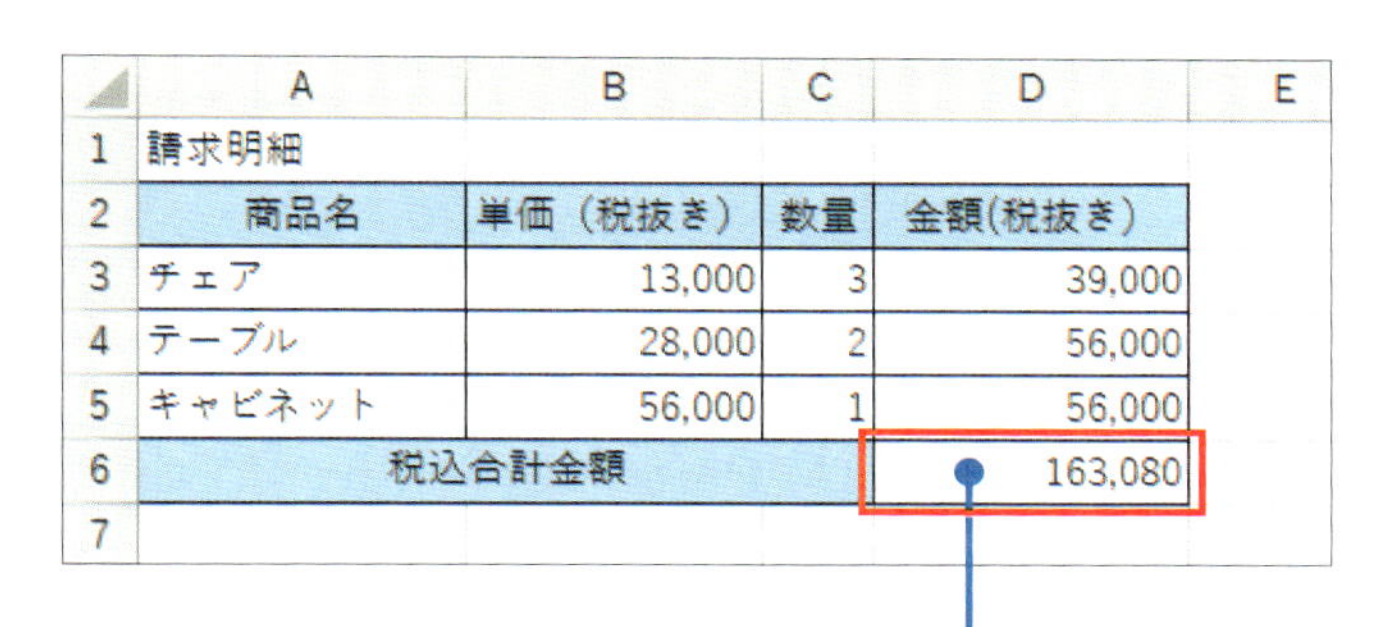

	A	B	C	D	E
1	請求明細				
2	商品名	単価（税抜き）	数量	金額(税抜き)	
3	チェア	13,000	3	39,000	
4	テーブル	28,000	2	56,000	
5	キャビネット	56,000	1	56,000	
6	税込合計金額			163,080	
7					

＝SUM (D3：D5) ＊1.08

❶ SUM関数が計算される

＝ 151,000 ＊1.08

❷ SUM関数の戻り値151,000と1.08が掛け算される

163,080

SUMMARY

「戻り値」は、普通の数値と同じように計算式で使用できる

COLUMN

「#DIV/0!」と表示された

下の例で各分類の金額を合計金額で割り算して売上構成比を求めたい。ところがC3セルに計算式を「＝B3/B7」と入力して下のセルにコピーすると、「#DIV/0!」と表示されてしまった。これは、コピー先のセルではB7のセル参照が下にずれてしまい、空欄セルで割り算しているためだ。C3セルの計算式を「＝B3/$B$7」と絶対参照（104ページ参照）に修正してから計算式をコピーすれば、正しい構成比が求められる。

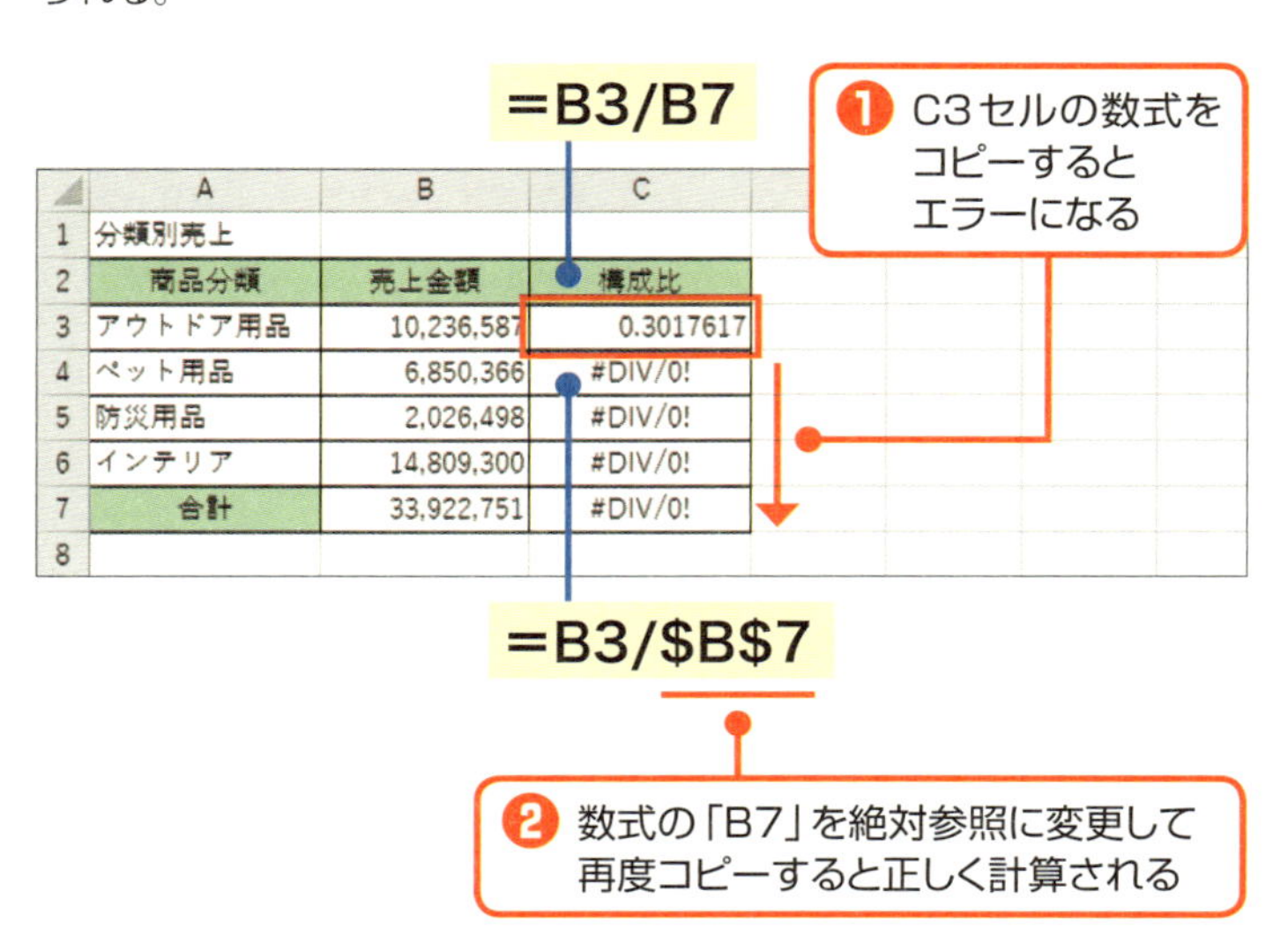

3章

効率アップを実現
関数のコピー／再利用

SECTION 15

入力した関数をコピーして再利用しよう

必読

SUM関数を右のセルにコピーする

3章では、入力した関数をほかのセルにコピーして、効率よく結果を求める方法をマスターしよう。左ページの例では、C3セルに最初の担当者の4月の売上が「1,950」と入力されている。これをD3セルにコピーしよう。C3セルを選んで「ホーム」タブの「コピー」ボタンをクリック。次にD3セルを選んで「貼り付け」ボタンをクリックすればよい。その結果、D3セルには、C3セルと同じ数値が「1,950」と表示される。

今度は関数が入力されたセルをコピーしてみよう。C6セルには、SUM関数で4月の売上金額を合計した「＝SUM（C3：C5）」という関数式が入力されている。このセルを選んで、右のD6セルに「コピー」、「貼り付け」てみた。

すると、D6セルには異なる数値が表示される。C6セルの合計値は「7,870」だったが、D6セルの数字は「8,290」と表示されている。つまり、数値のセルをコピーすると同じ値になるが、**関数のセルをコピーしても同じ値にはならない**ようだ。

値と関数をコピーしてみると…

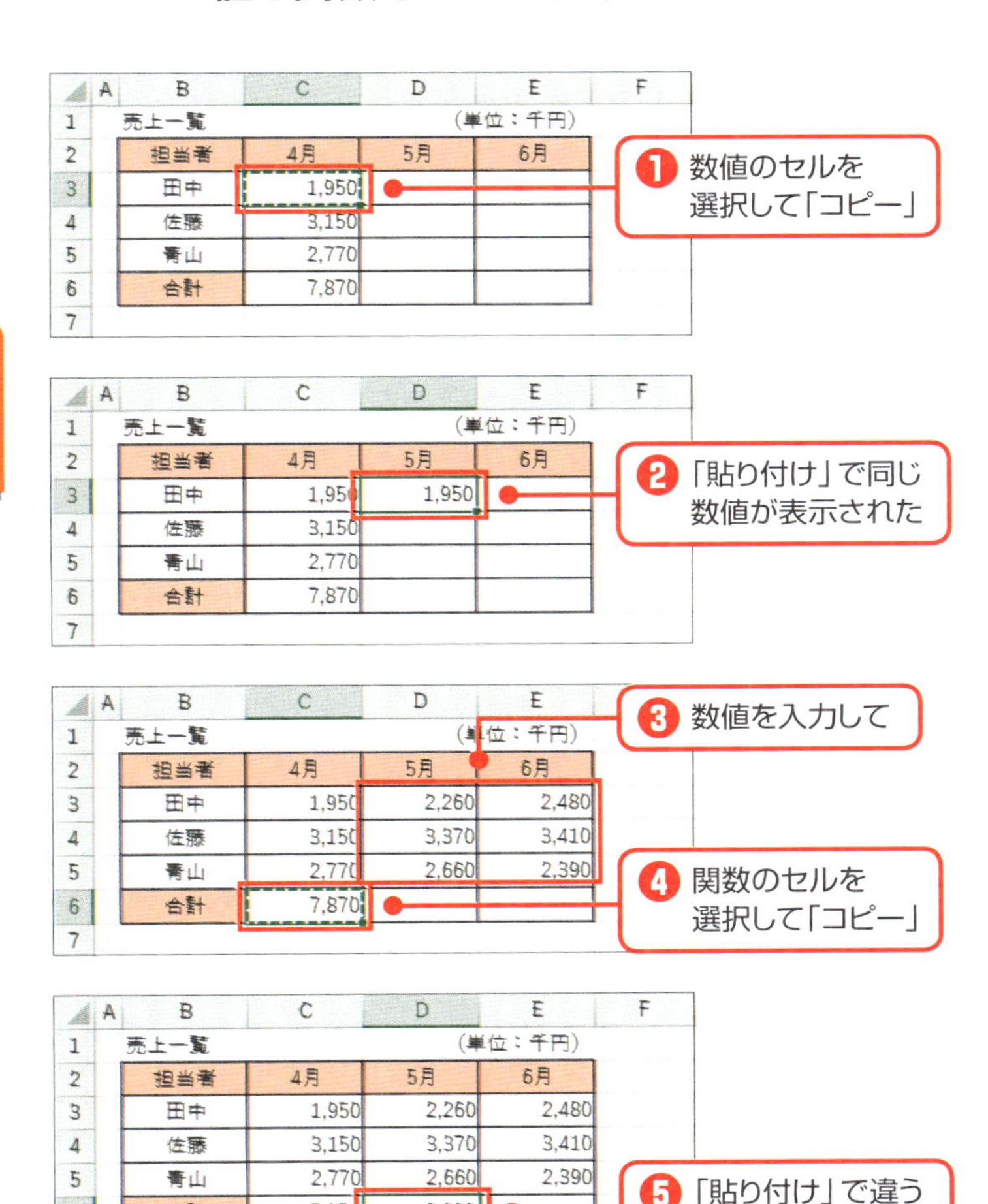

なぜコピーしたのに同じ値にならないのか?

80ページの操作で、関数が入力されたセルをコピーしても、同じ値が表示されないことがわかった。これはなぜだろう? そこで、このときコピーに使った2つのセル、つまりコピー元とコピー先のセルに入力された関数式の中身を確認してみよう。

関数式の内容を確認するには、数式バーを使う。コピー元のC6セルをクリックしてから数式バーを見ると、「=SUM(C3:C5)」という計算式が表示される。これは、C3からC5までのセル範囲に入力された数値をSUM関数で合計する、という内容だ。この部分の数値を見てみると、「1,950」、「3,150」、「2,770」となる。つまり、4月の売上を合計した式が入力されていることがわかった。

次に、貼り付け先であるD6セルも同様に確認してみよう。D6をクリックしてから数式バーを見ると、表示される計算式は「=SUM(D3:D5)」となる。これは、「2,260」、「3,370」、「2,660」と入力されたD3からD5セルまでの範囲、つまり、5月の売上をSUM関数で合計する内容だ。

C6セルとD6セルを比べると、**コピーされた関数式は同じ内容にならない**ことがわかる。計算結果が異なるのはそのためだ。次に、この原因を見てみよう。

数式バーで数式を比較すると…

• コピー元のセル

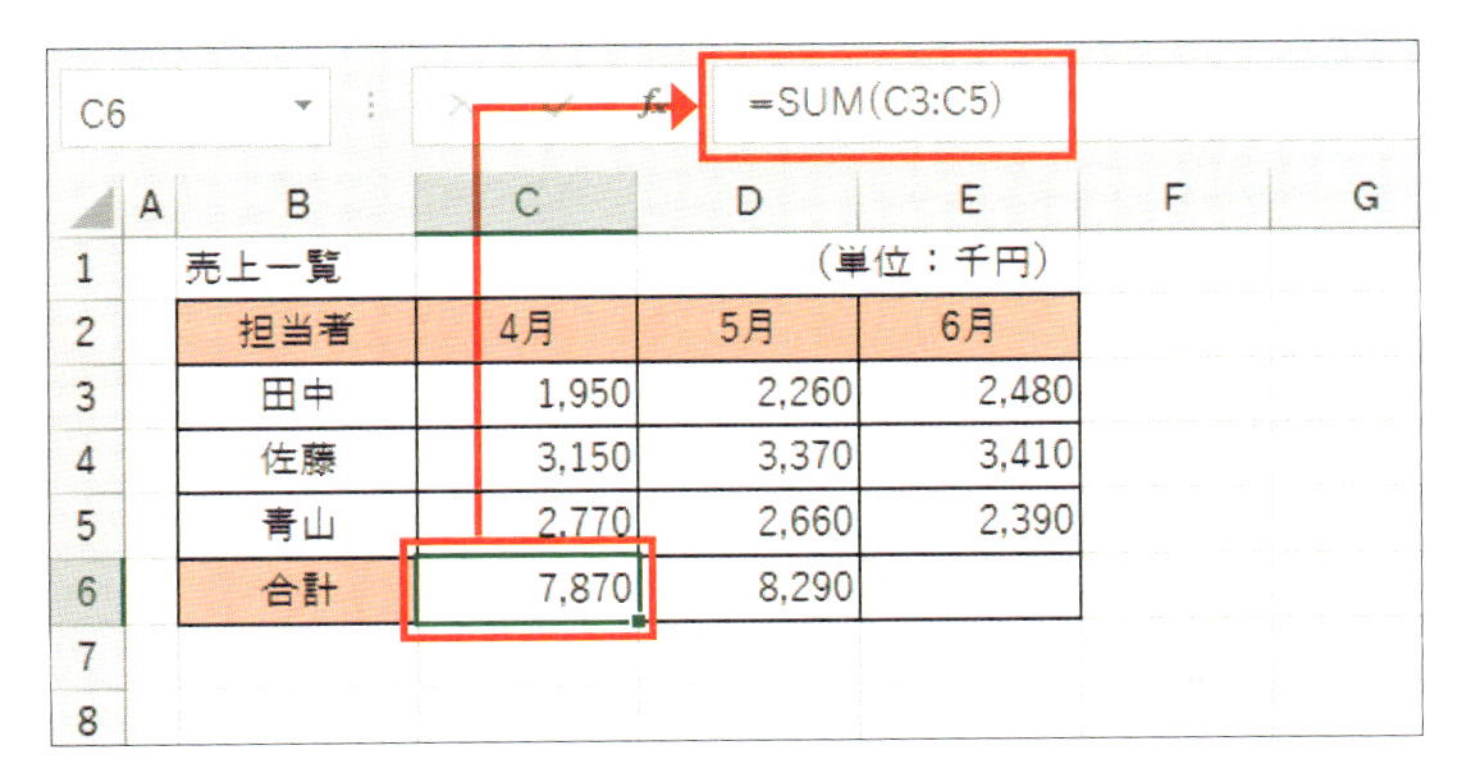

	A	B	C	D	E	F	G
1		売上一覧			（単位：千円）		
2		担当者	4月	5月	6月		
3		田中	1,950	2,260	2,480		
4		佐藤	3,150	3,370	3,410		
5		青山	2,770	2,660	2,390		
6		合計	7,870	8,290			
7							
8							

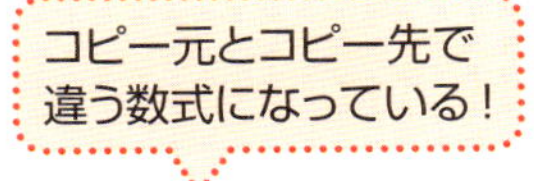

• コピー先のセル

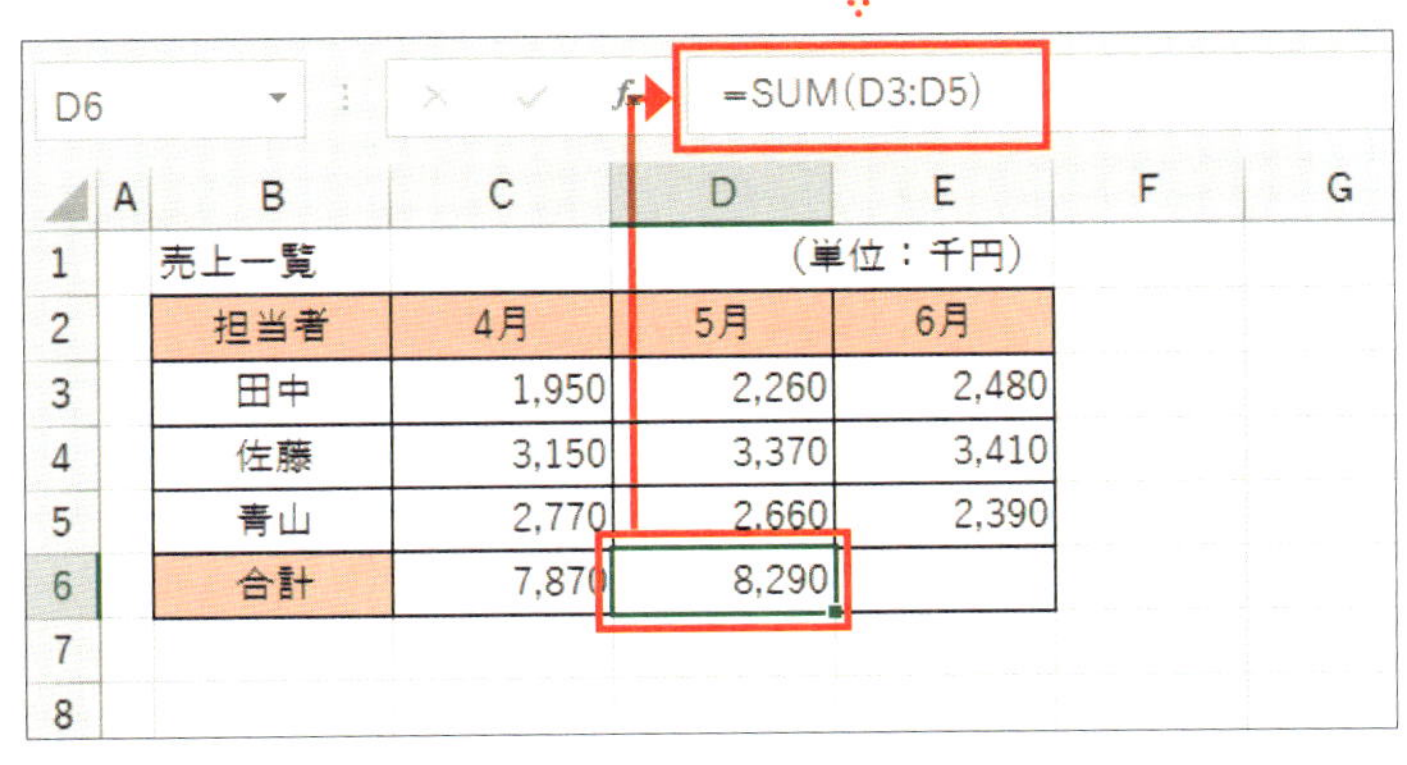

	A	B	C	D	E	F	G
1		売上一覧			（単位：千円）		
2		担当者	4月	5月	6月		
3		田中	1,950	2,260	2,480		
4		佐藤	3,150	3,370	3,410		
5		青山	2,770	2,660	2,390		
6		合計	7,870	8,290			
7							
8							

SECTION 16

相対参照を理解して、引数の範囲が自動で変化することを知ろう

必読

関数をコピーすると引数が自動で変更される

コピー元とコピー先の2つのセルの関数式を詳しく確認してみよう。コピー元のC6セルの関数式は「＝SUM（C3：C5）」、コピー先であるD6セルの関数式は「＝SUM（D3：D5）」だ。この2つの関数式を見比べると、カッコ内の引数だけが異なっていることがわかる。C6セルでは「C3：C5」、D6セルでは「D3：D5」、と表示されている。

今度は、この2つの引数部分だけをさらに見比べてみよう。どこが変わっただろうか。そう、セル番地の「C」が「D」に変化している。これは、関数式をコピーしたとき、列番号がC列からD列へと1列右へずれたことを示している。つまり、**引数のセル範囲が1列右にずれた**のだ。

そこで、シート上で実際にセル番地を確認してみると、左ページの例のようになる。「C3：C5」は4月の売上金額の範囲だ。これがコピー先の関数式では1列右の5月の売上金額の範囲に移動していることがわかるだろう。

引数を比較してみると…

	A	B	C	D	E	F
1		売上一覧			（単位：千円）	
2		担当者	4月	5月	6月	
3		田中	1,950	2,260	2,480	
4		佐藤	3,150	3,370	3,410	
5		青山	2,770	2,660	2,390	
6		合計	7,870	8,290		
7						
8						
9						
10						

=SUM(C3：C5)　　=SUM(D3：D5)

列番号がCからDへ
変化している

列番号が1つずれた理由を知る

列番号がCからDへ変わり、1列右にずれた理由について考えよう。数式が1列右のセルにコピーされると、数式の中で使われているセル参照も1列右の列に自動で変更される。この現象を「**相対参照**」と呼ぶ。

「参照」はセル参照のこと。「相対」とは、「相対的に」という意味で使う「相対」だ。つまり、計算式が入力されたセルから見て「相対的な」位置関係を保ったまま、セル範囲が動く様子を表している。

左ページの例で説明しよう。C6セルには、SUM関数で4月の売上を合計している。このとき合計の対象となる引数のセル範囲はC3からC5セルで、これはC6セルから見ると「上の3つのセル」という位置関係になる。C6セルの計算式を1列右にコピーすると、「上の3つのセル」もそのまま1列右にずれる。その結果、D6セルのSUM関数の式の中では、5月の売上を入力したセルが引数に変わるのだ。

このように、**計算式を入力したセルをコピーすると、計算式の中で使われているセル参照も、同じ位置関係を保ったまま移動するのが相対参照だ**。この相対参照のおかげで、4月の合計を求めたセルをコピーするだけで、5月の合計が求められるのだ。

関数が隣にずれると引数もずれる

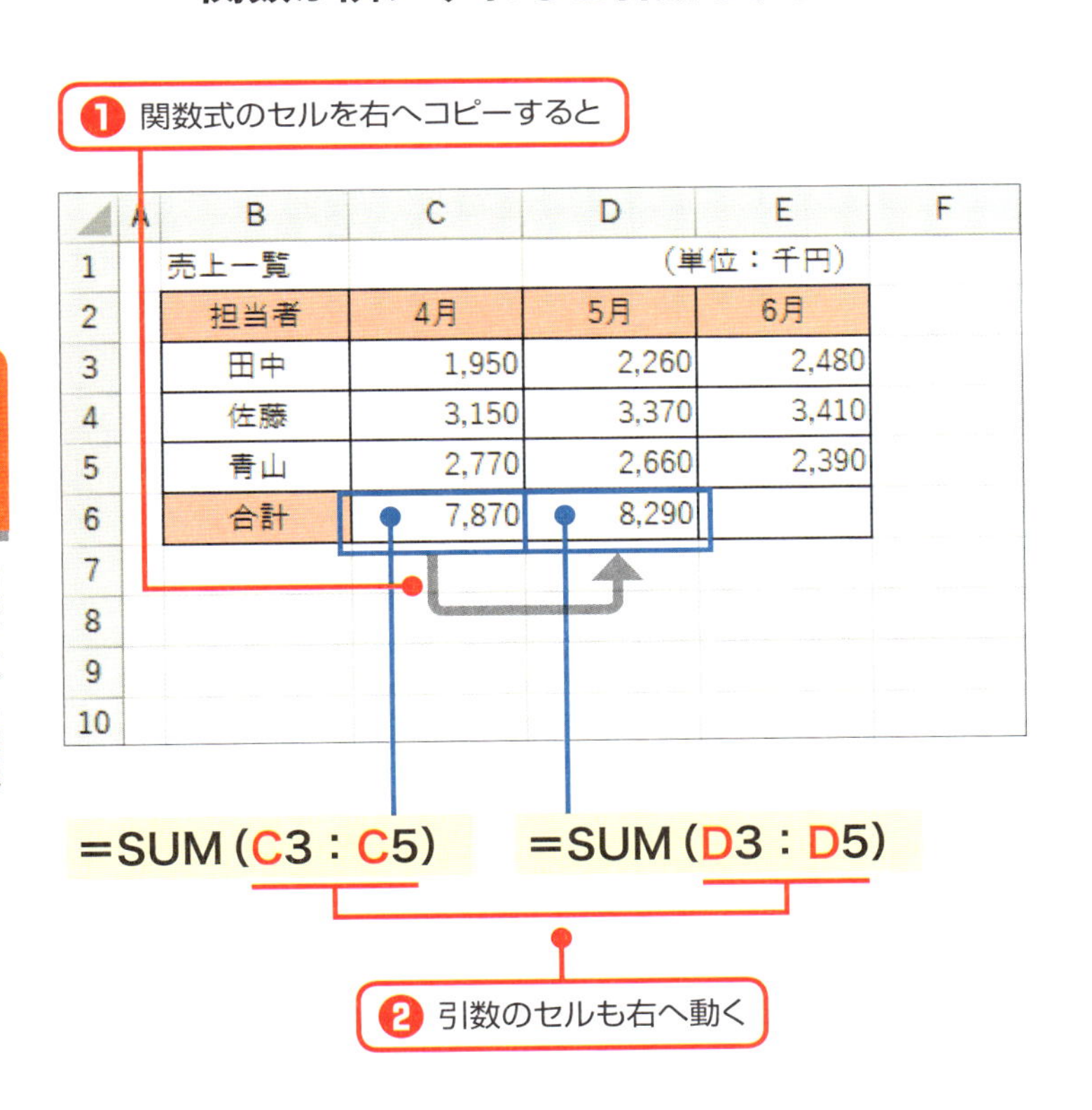

SUMMARY

➔ 相対参照では、数式のセルが動くと、
引数のセルも同じ方向に動く

では2つ隣にコピーしたらどうなる？

左ページの例では、５月の右のＥ列に６月の売上欄がある。E6セルにはＳＵＭ関数をコピーすることで６月の売上を合計したい。そこで、C6セルに入力した４月の合計を求める関数式を、２列右のセルにコピーするとどうなるだろう。

この場合、５月の合計を求めた時と同じように、引数のセル範囲は２列右に移動するのではないだろうか。それなら、E3からE5セルに入力された６月の売上金額がコピー先のＳＵＭ関数の引数になり、６月の合計を正しく求められる。

実際にやってみよう。ＳＵＭ関数の式を入力したC6セルを選んで「コピー」、次に２列右にあるE6セルを選んで「貼り付け」ると、E6セルには「＝SUM（E3：E5）」という関数式が入力された。カッコ内の引数を見ると、コピー元の関数式の引数「C3：C5」が予想通り２列右に移動して、「E3：E5」に変更されている。

これで、関数を入力したセルを２列隣にコピーした場合も、引数のセル範囲は同じ位置関係を保ったまま２列隣に動くことが確認できた。要するに、何列隣であっても、**計算式をコピーすれば、その内部のセル参照も一緒に移動する「相対参照」のしくみが働く**ことが、これで判明したわけだ。

関数式を２列右にコピーしてみると…

・予想

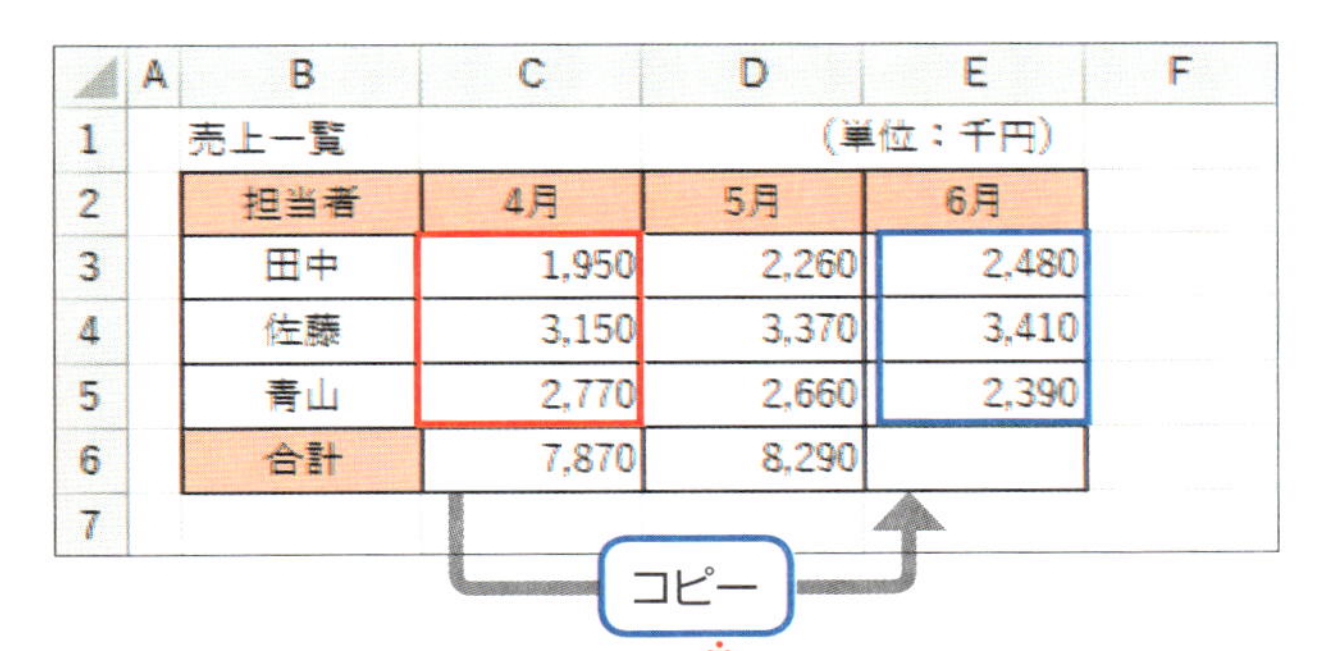

	A	B	C	D	E	F
1		売上一覧			(単位：千円)	
2		担当者	4月	5月	6月	
3		田中	1,950	2,260	2,480	
4		佐藤	3,150	3,370	3,410	
5		青山	2,770	2,660	2,390	
6		合計	7,870	8,290		
7						

・結果

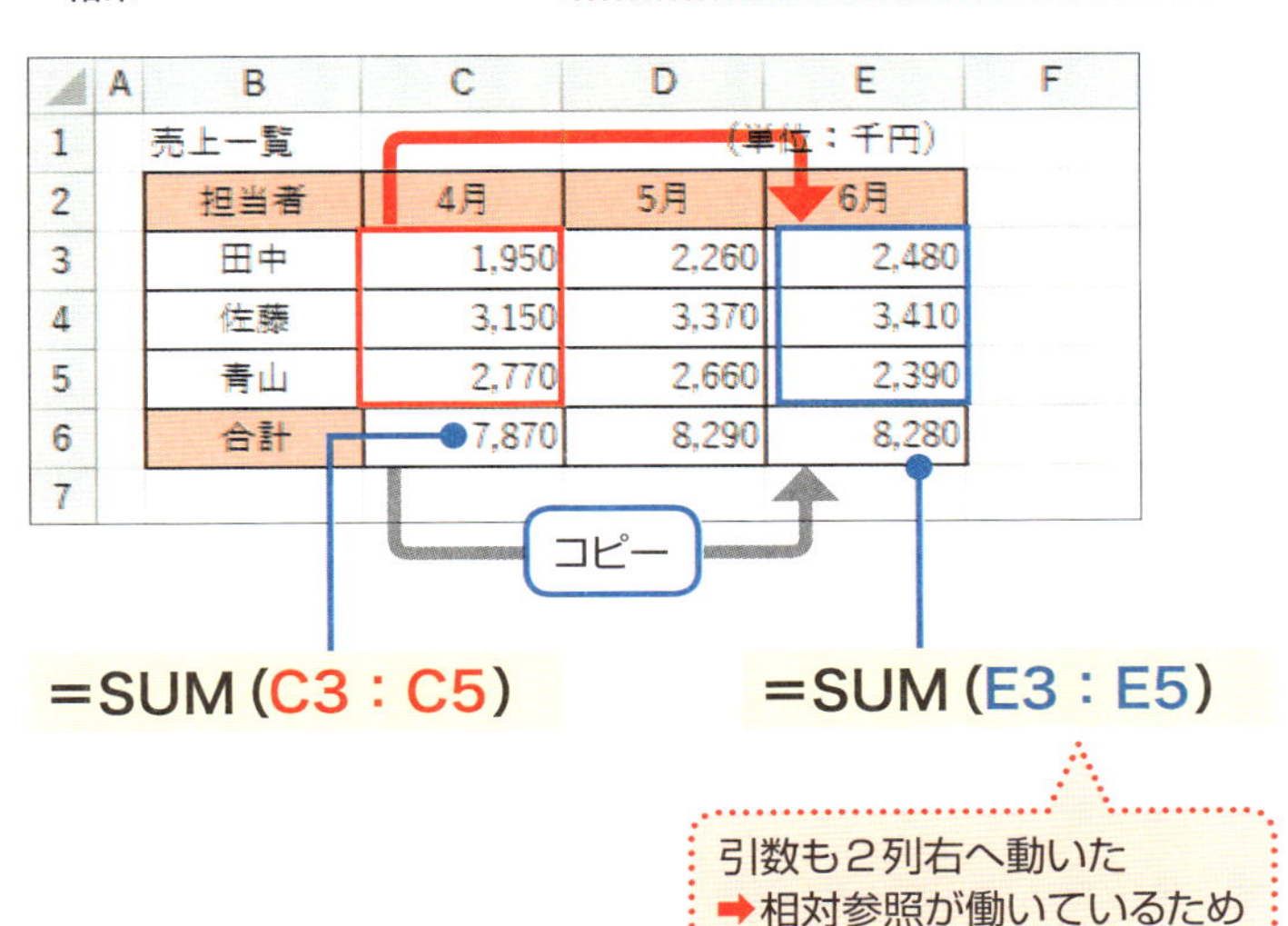

	A	B	C	D	E	F
1		売上一覧			(単位：千円)	
2		担当者	4月	5月	6月	
3		田中	1,950	2,260	2,480	
4		佐藤	3,150	3,370	3,410	
5		青山	2,770	2,660	2,390	
6		合計	7,870	8,290	8,280	
7						

SECTION 17

行方向にコピーしてみよう

必読

関数をオートフィルでコピーする

関数をコピーするのは、列方向ばかりではない。行方向にコピーする場合もある。左ページの例には、3人の営業担当者の4月から6月までの営業成績がまとめられている。F3セルには、平均を求めるAVERAGE関数の式が「=AVERAGE(C3:E3)」と入力されている。引数はC3からE3セル、つまり最初の担当者の4月から6月までの売上金額を指している。この関数式を下にコピーして、ほかの担当者の売上の平均を求めたい。

このように隣接するセルに数式をコピーする場合、「コピー」と「貼り付け」コマンドを利用するよりも早い方法がある。それが「オートフィル」だ。

コピー元となる数式が入力されたF3セルをクリックして、次に選択したセルの右下角にマウスポインターを合わせると、ポインターの形が「+」になる。この状態で2行下のF5セルまでドラッグしよう。これだけで、F4、F5の2つのセルに計算式をコピーできる。この一連のドラッグ操作のことを「オートフィル」と呼ぶ。

関数をオートフィルでコピーする

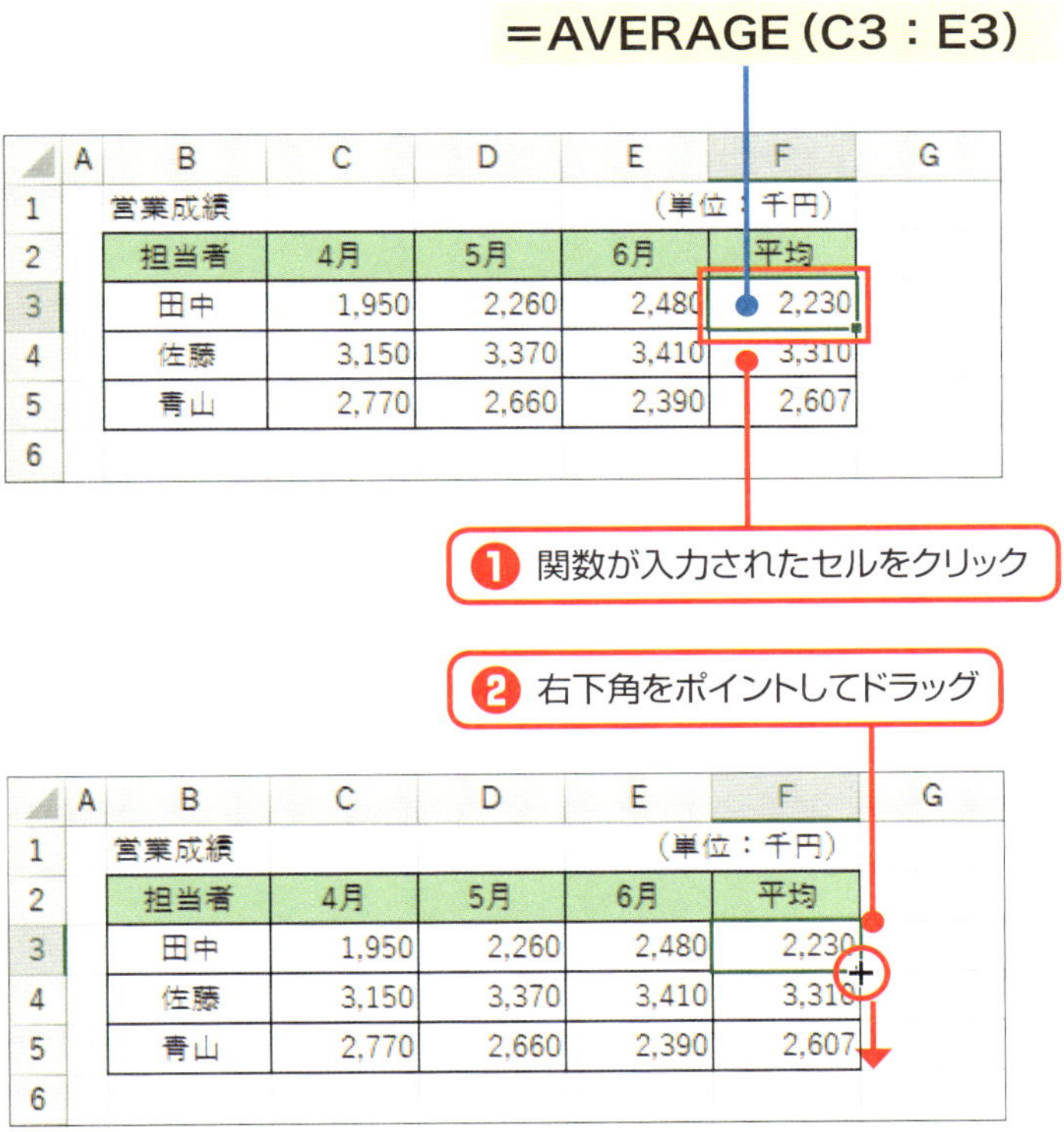

＝AVERAGE（C3：E3）

	A	B	C	D	E	F	G
1		営業成績			（単位：千円）		
2		担当者	4月	5月	6月	平均	
3		田中	1,950	2,260	2,480	2,230	
4		佐藤	3,150	3,370	3,410	3,310	
5		青山	2,770	2,660	2,390	2,607	
6							

❶ 関数が入力されたセルをクリック

❷ 右下角をポイントしてドラッグ

	A	B	C	D	E	F	G
1		営業成績			（単位：千円）		
2		担当者	4月	5月	6月	平均	
3		田中	1,950	2,260	2,480	2,230	
4		佐藤	3,150	3,370	3,410	3,310	
5		青山	2,770	2,660	2,390	2,607	
6							

SUMMARY

「オートフィル」とは、
ドラッグ操作で行えるコピーのこと

コピー先の式はどうなっている？

オートフィル操作を使ってF3セルの関数式を2行下のセルにコピーできた。では、コピーした関数式がどうなったのかを、ちょっと想像してみよう。

コピー元であるF3セルの内容を確認しよう。F3セルに入力されたAVERAGE関数は平均を求める関数だ。46ページで紹介したように、AVERAGE関数は、平均を求めたい数値が入力されたセル範囲を引数に指定する。カッコ内の引数を見てみると、「C3：E3」であり、最初の担当者の4月から6月までの売上金額のセルを指定している。

=AVERAGE(C3：E3)

=AVERAGE(C4：E4)

=AVERAGE(C5：E5)

F3セルを下にコピーすると、関数式のセルはF4セル、F5セルへと1行ずつ下へ移動する。すると、相対参照が働くわけだから、引数のセル範囲もそれに合わせて1行ずつ下へ移動するのではないだろうか。そんな予想を立ててみた。

F4セルとF5セルにコピーされた関数式を数式バーで確認すると、予想通りであることがわかる。F4セルには、「=AVERAGE(C4:E4)」、F5セルには「=AVERAGE(C5:E5)」という数式がそれぞれ入力される。両方の式では、セル番地の行番号だけが変わった。つまり、**関数式を1行ずつ下へコピーすると、セル参照も1行ずつ下へずれる**のだ。

	A	B	C	D	E	F	G	H
1		営業成績				（単位：千円）		
2		担当者	4月	5月	6月	平均		
3		田中	1,950	2,260	2,480	2,230		
4		佐藤	3,150	3,370	3,410	3,310		
5		青山	2,770	2,660	2,390	2,607		
6								

関数式を下にコピーすると、セル参照も下にずれる

列側のコピーでは列が、行側のコピーでは行が変化する

関数式をコピーする方向には2種類ある。右にあるセル、つまり列方向へコピーする場合と、下にあるセル、つまり行方向へコピーする場合の2種類だ。

左ページの例を見ながら、それぞれのセルの移動を確認しよう。上の表は、列方向へ移動する場合の例だ。4月の合計をSUM関数で求めたセルを右にコピーして、5月と6月の合計を求めている。SUM関数の引数である合計範囲は、「C3：C5」、「D3：D5」、「E3：E5」と変化して、列番号は右へ移動していることがわかる。

一方、下の表は行方向に移動する場合の例だ。最初の担当者の売上平均をAVERAGE関数で求め、そのセルを下にコピーしてほかの担当者の平均を求めている。引数のセル範囲は、「C3：E3」、「C4：E4」、「C5：E5」と変化しており、行番号が1つずつ下へ移動している様子がわかる。

以上のことから、相対参照で指定したセル範囲は、列方向、行方向どちらの場合も、数式のセルがコピーされるのと同じ方向へそれぞれ自動で移動することがわかった。そして、この**相対参照のしくみが働いているからこそ、コピーによって合計や平均を効率よく求めることができる**のだ。

相対参照には列方向と行方向がある

・列方向へのコピー

担当者	4月	5月	6月
田中	1,950	2,260	2,480
佐藤	3,150	3,370	3,410
青山	2,770	2,660	2,390
合計	7,870	8,290	8,280

= SUM (C3 : C5)

= SUM (D3 : D5)

= SUM (E3 : E5)

・行方向へのコピー

担当者	4月	5月	6月	平均
田中	1,950	2,260	2,480	2,230
佐藤	3,150	3,370	3,410	3,310
青山	2,770	2,660	2,390	2,607

= AVERAGE (C3 : E3)

= AVERAGE (C4 : E4)

= AVERAGE (C5 : E5)

SECTION 18

合計金額を税込金額にしたあとコピーしてみよう

必読

1つのセルで「SUM関数＊1.08」を計算する

関数を別の計算式の中で使ってみよう。76ページでも紹介したように、**関数の計算結果である「戻り値」は、セルに入力した値と同じように計算に利用できる。**

左ページの例には、A、B、Cという3人の顧客に対する請求金額をまとめている。3行目から5行目のセルには、それぞれの商品の税抜き金額が入力されている。この合計金額にC1セルに入力された「1.08」を乗算して税込金額を求めてみよう。

まず、C6セルに税込金額を求める計算式を入力してみよう。「＝SUM（C3：C5）＊C1」という計算式を入力すると、セルには計算結果が「132,840」と表示された。

この計算はどのように行われたのだろうか。まず、前半のSUM関数の式が計算される。カッコ内の引数に「C3：C5」とあるので、C3からC5セルの数字が合計される。その結果「123,000」という戻り値が返される。これにC1セルに入力された「1.08」を掛け算して、その結果が「132,840」となる。これがセルに表示されたわけだ。

SUM関数の戻り値を計算に使う

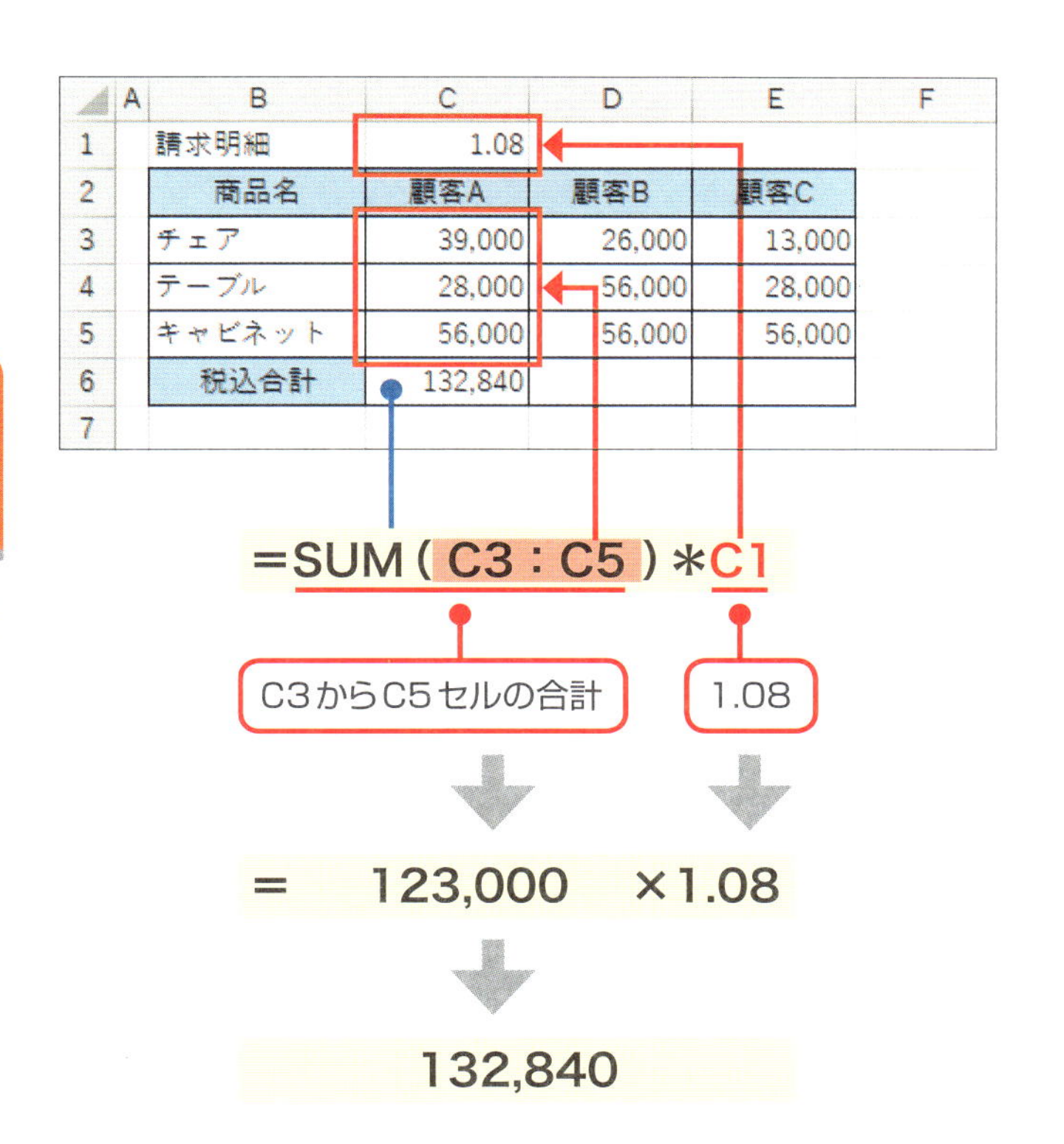

	A	B	C	D	E	F
1		請求明細	1.08			
2		商品名	顧客A	顧客B	顧客C	
3		チェア	39,000	26,000	13,000	
4		テーブル	28,000	56,000	28,000	
5		キャビネット	56,000	56,000	56,000	
6		税込合計	132,840			
7						

SUMMARY

SUM関数の戻り値を使って計算する

オートフィルを使って式をコピーする

96ページで入力した計算式の結果、「顧客A」の税込合計金額が「132,840」と求められた。次に、このC6セルの数式を右の2つのセルにコピーして、同様に「顧客B」と「顧客C」の税込合計を求めたい。コピー先セルが隣接しているため、オートフィル操作を利用すれば効率よく計算式をコピーできるはずだ。

まず、コピー元であるC6セルをクリックする。このセルには、すでに「＝SUM（C3：C5）＊C1」という計算式が入力済みだ。C6セルを選択後、右下角にマウスポインターを合わせる。ポインターの形が「＋」に変わったのを確認して、右へドラッグすればよい。これで、D6セル、E6セルに計算式がコピーされて、計算結果が表示されるはずだ。

ところが、この操作の結果、コピー先であるD6、E6の2つのセルには、なぜか「0」と表示されてしまうのだ。しかし、表を確認すれば、D3からD5セル、E3からE5セルの範囲には、それぞれの顧客の購入した商品の金額がちゃんと入力されている。本来ならこれらを元にして税込合計金額が適切に求められるはずなのだが、どうしてそれが「0」になってしまうのだろう。

右へコピーすると「0」になってしまう！

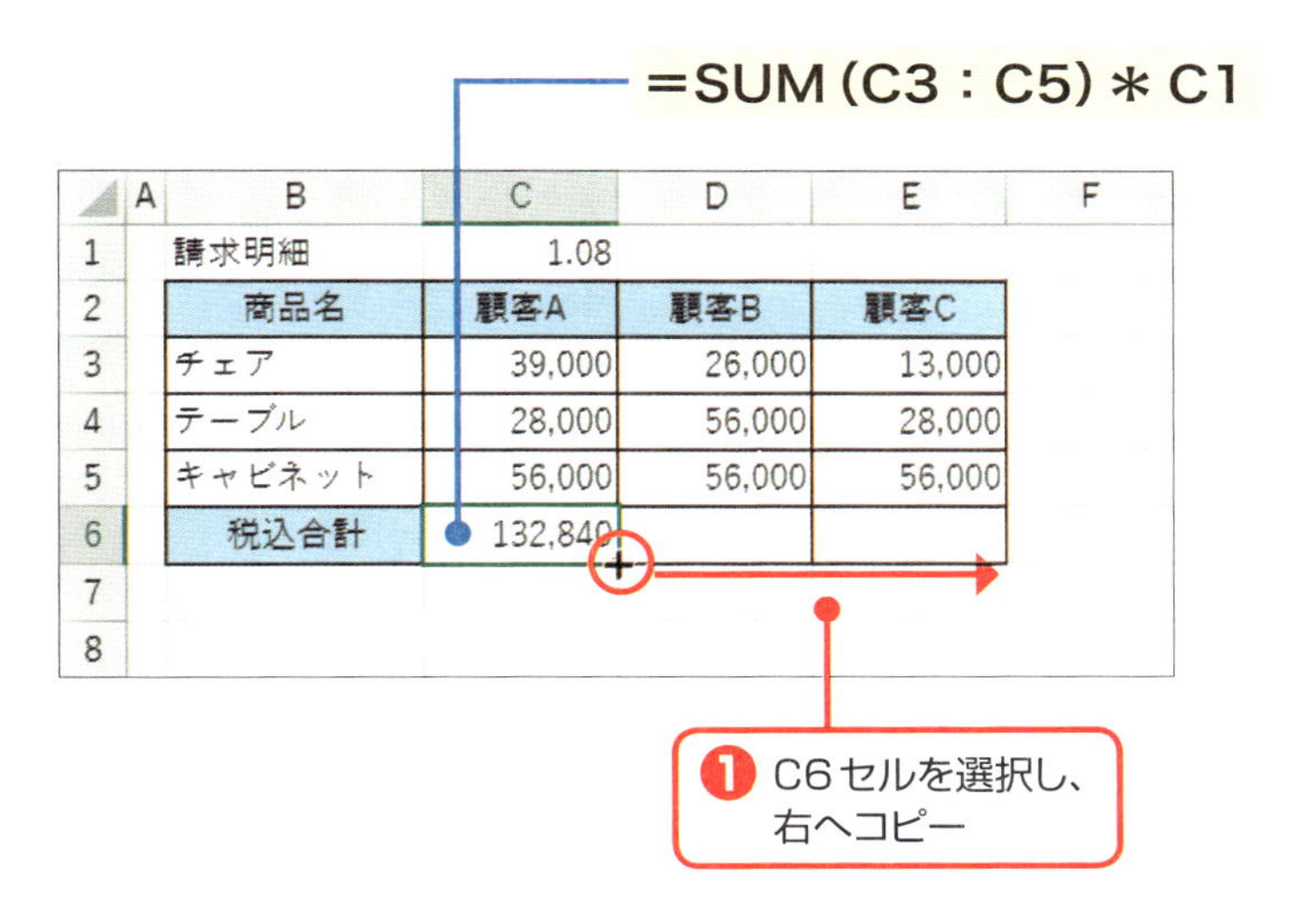

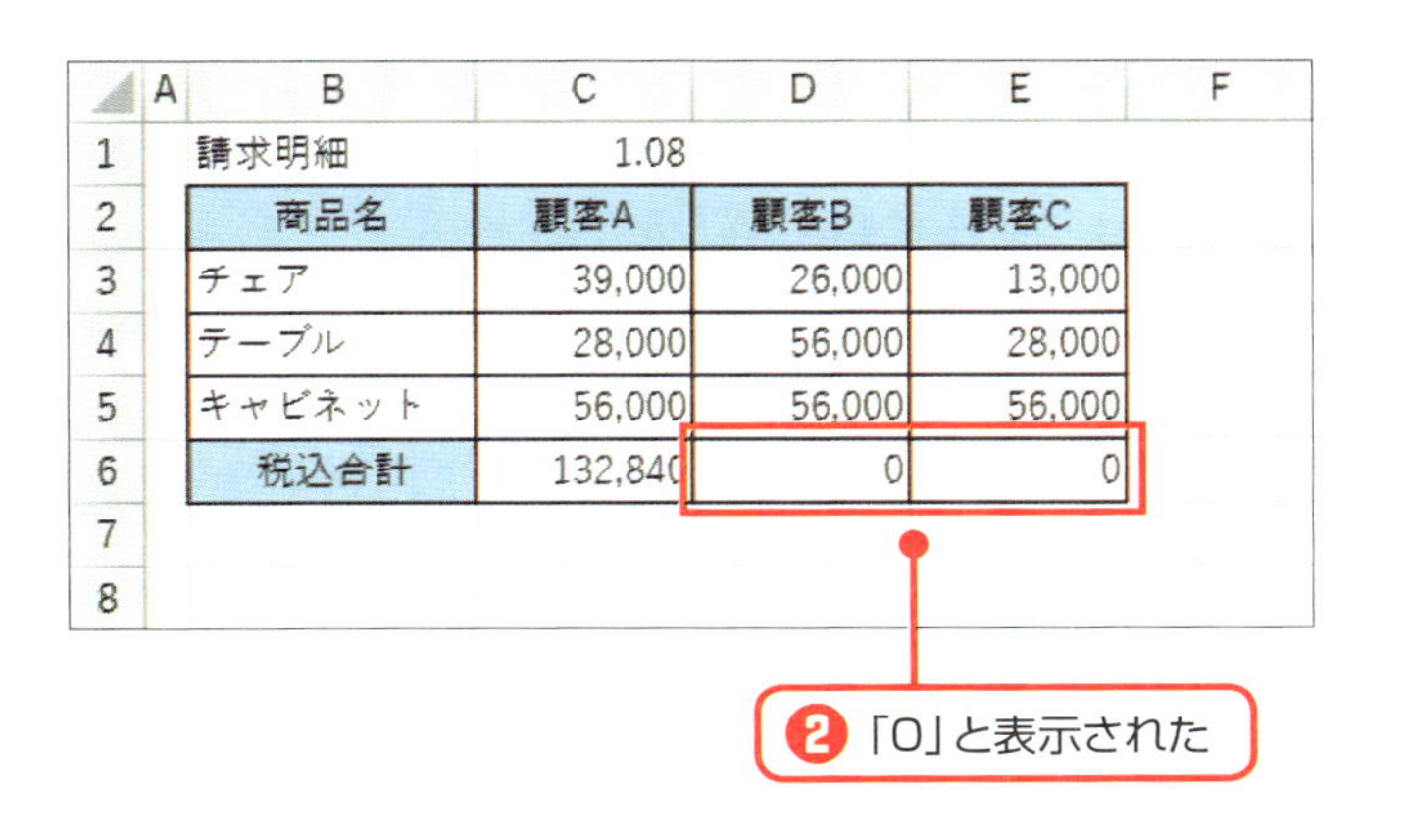

SECTION 19

絶対参照を理解して、コピーしても参照するセルを固定しよう

必読

なぜエラーが発生したのか？

98ページのコピーの結果、D6、E6セルに「0」が表示された原因を明らかにしたい。コピーされた計算式を確認してみよう。D6セルには「＝SUM（D3：D5）＊D1」、E6セルには「＝SUM（E3：E5）＊E1」という計算式がそれぞれコピーされている。2つの計算式に含まれるセル参照をシート上で突き合わせると、左ページの例になる。

コピー元であるC6セルの数式に含まれるセル参照は赤枠部分だ。このC6セルの数式をD6、E6セルにコピーすると、コピー先の数式に含まれるセル参照は、それぞれ青色、緑色の枠のように移動する。そう、1つずつ右へずれているのだ。

SUM関数で合計を求める範囲が「C3からC5」、「D3からD5」、「E3からE5」とずれる分には問題ないが、掛け算に使う「1.08」が入力されたセルが「C1」から右へずれると、「D1」、「E1」が空欄セルになってしまう。**D6セル、E6セルの計算結果が「0」になるのは、SUM関数の戻り値にこの空欄セルを掛け算していることが原因だ。**

相対参照では「1.08」の掛け率がずれてしまう！

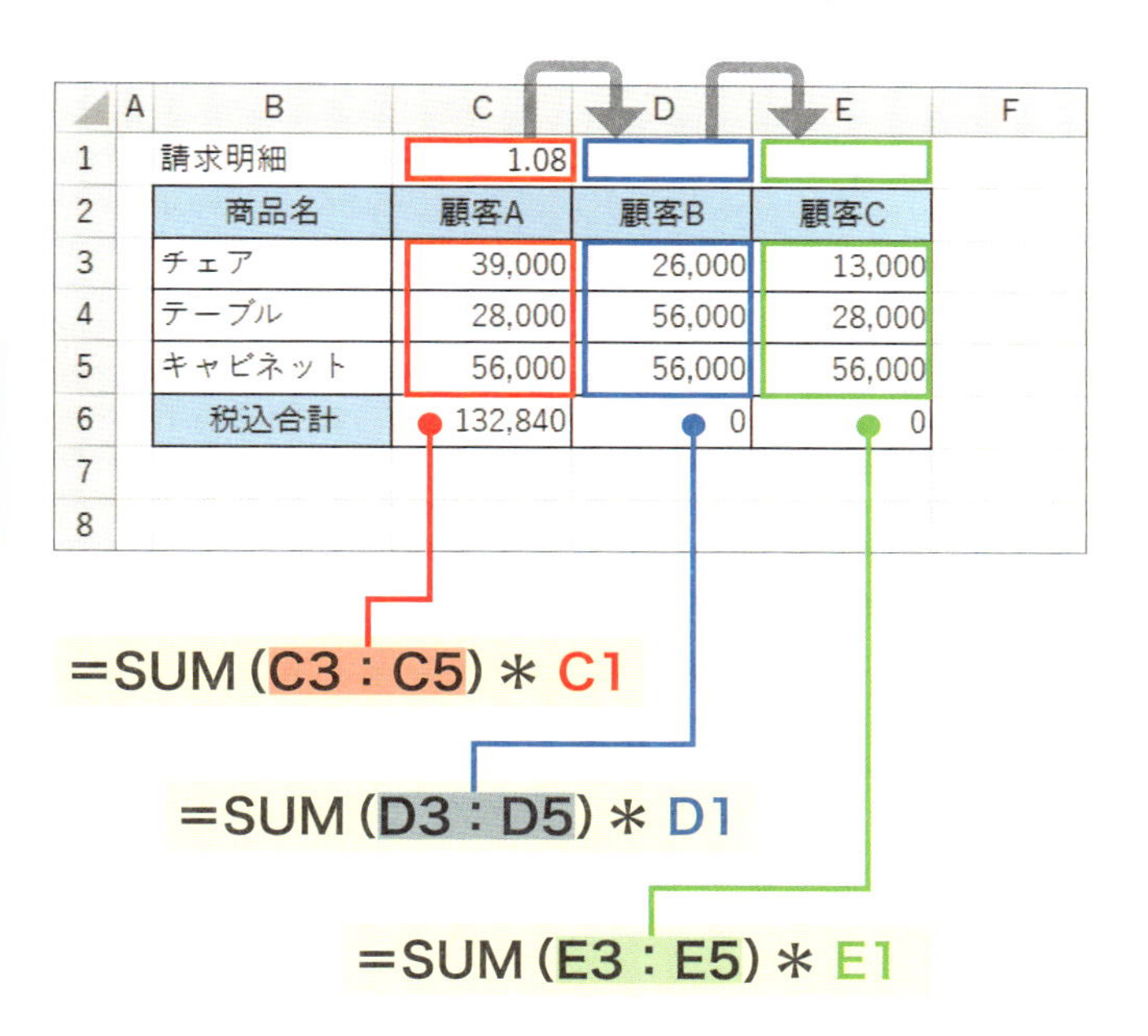

SUMMARY

掛け率「1.08」のセル参照がずれて空欄セルを使って掛け算するので「0」になってしまう

相対参照させないためにどうするか

C6セルの計算式を右へコピーした場合、その計算式に含まれるセル参照も右へずれる。これは、数式の中のセル番地が相対参照で指定されているためだ。94ページでも確認した通り、相対参照で指定されたセル番地は、計算式が入力されたセルをコピーすると、同じ方向に移動するからだ。

コピー先のD6、E6セルでも税込金額が正しく求められるようにするには、どうすればよいだろう。それには、**ずれてしまっては困るセルをずれないように固定する必要がある**。具体的には「1.08」と掛け率を入力したC1セルのことだが、数式をコピーしても、このC1セルへの参照は固定のままで動かない状態にすればよい。

コピー先のセルに入る計算式は、左ページの例のようになってほしい。101ページの数式と見比べよう。コピー元であるC6セルの数式は「＝SUM (C3：C5) ＊C1」となり101ページと同じだが、右のD6セルには「＝SUM (D3：D5) ＊C1」、さらに右のE6セルには「＝SUM (E3:E5) ＊C1」という計算式が入力される。掛け率の参照先が常に「C1」になっているのがポイントだ。こうすれば、C6セルと同様にSUM関数の戻り値には「1.08」という数値が常に掛け算され、正しい税込金額が求められる。

コピーしても「1.08」のセルがずれないようにしたい

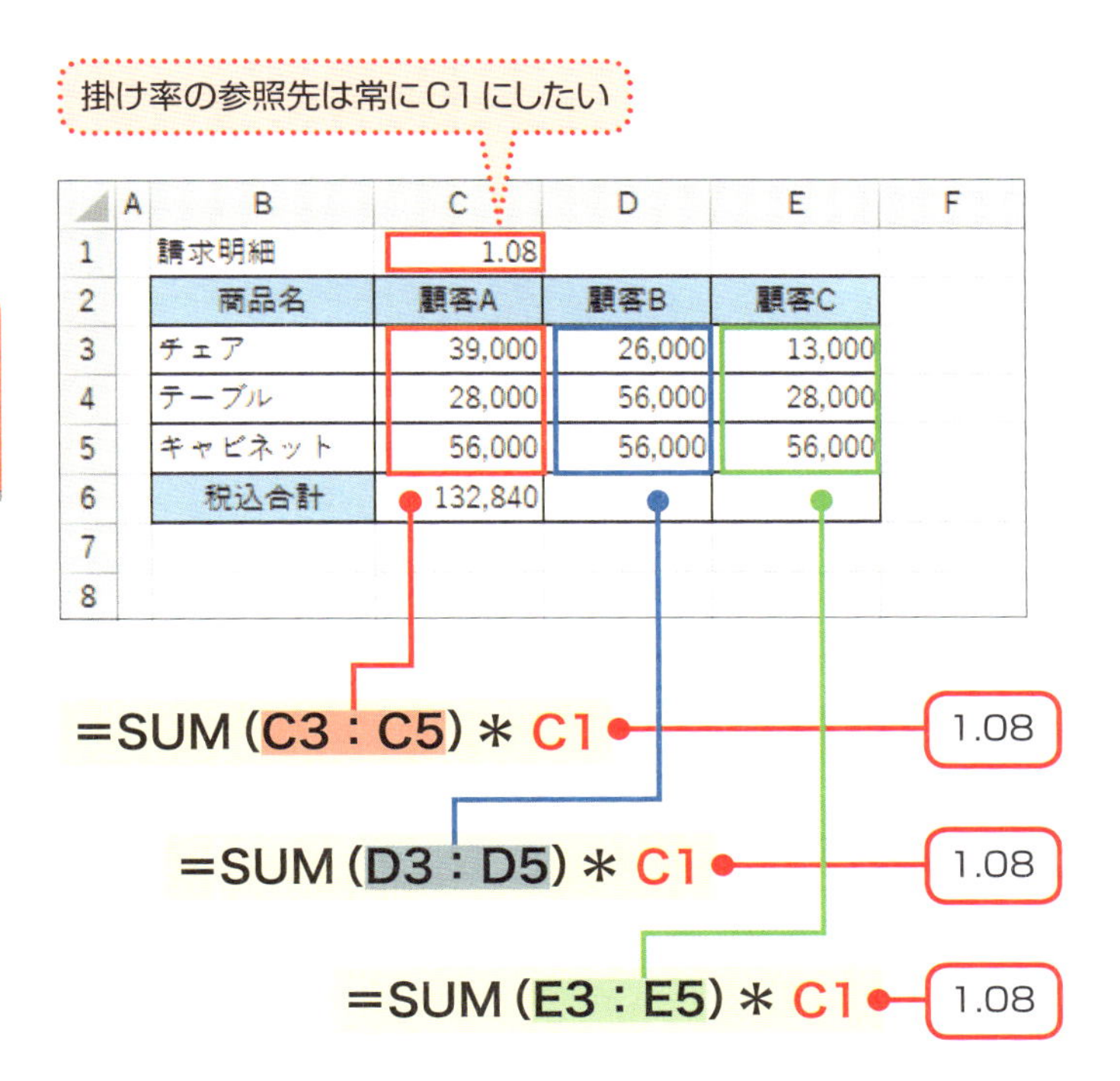

「絶対参照」について知る

102ページで解説したことを実現するには、「**絶対参照**」というしくみが必要になる。通常、数式を入力するとセル番地は相対参照になる。相対参照では、数式をコピーしたときにその数式内で参照しているセルも同じ方向に移動する。

「絶対参照」とは、その反対に、数式をコピーしても数式内で使われているセル参照が移動しないしくみだ。この例のように、どのセルの数式からも常に同じC1セルの掛け率を使って計算をさせたい場合などに限って使われる。

絶対参照を設定するには、セル番地の行番号と列番号の前に記号の「**$**」(ドルマーク)を追加する。「C1」というセル番地を絶対参照にするには「$C$1」とすればよい。掛け率が入力されたC1セルを絶対参照にして「$C$1」と変更してから、C6セルの計算式を右方向へコピーすると、コピーされた数式の中では、セル番地は左ページの例のように移動する。これを見ると、D6セル、E6セルへと数式をコピーしたときに、絶対参照にしたC1セルは「$C$1」のまま移動していないことがわかる。相対参照のままであるSUM関数の引数部分は、「C3:C5」から「D3:D5」、「E3:E5」と変化して、セル範囲が1列ずつ右へと移動している。これが、相対参照と絶対参照の違いだ。

「絶対参照」のセルは コピーしてもずれなくなる

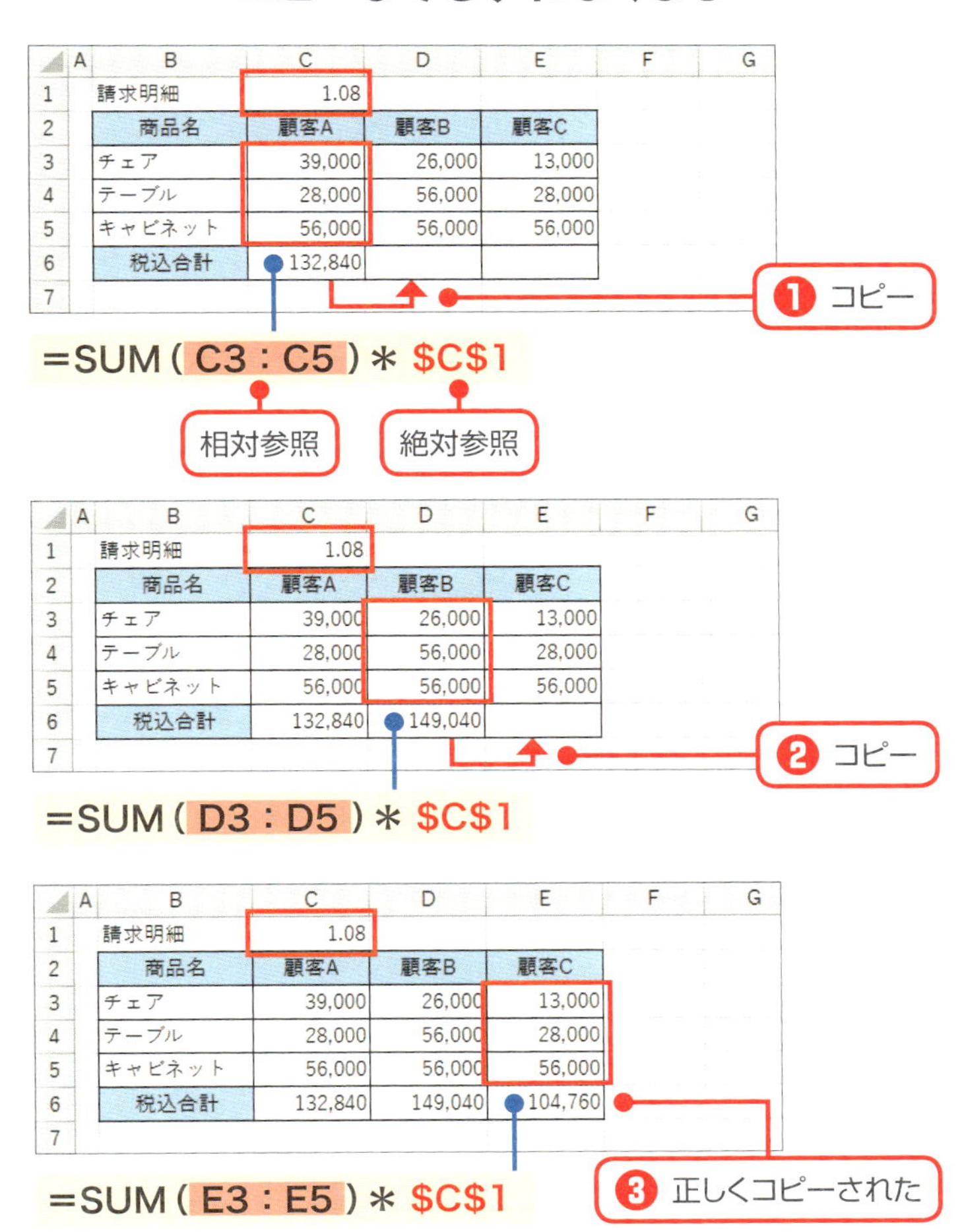

	A	B	C	D	E	F	G
1		請求明細	1.08				
2		商品名	顧客A	顧客B	顧客C		
3		チェア	39,000	26,000	13,000		
4		テーブル	28,000	56,000	28,000		
5		キャビネット	56,000	56,000	56,000		
6		税込合計	132,840				
7							

	A	B	C	D	E	F	G
1		請求明細	1.08				
2		商品名	顧客A	顧客B	顧客C		
3		チェア	39,000	26,000	13,000		
4		テーブル	28,000	56,000	28,000		
5		キャビネット	56,000	56,000	56,000		
6		税込合計	132,840	149,040			
7							

	A	B	C	D	E	F	G
1		請求明細	1.08				
2		商品名	顧客A	顧客B	顧客C		
3		チェア	39,000	26,000	13,000		
4		テーブル	28,000	56,000	28,000		
5		キャビネット	56,000	56,000	56,000		
6		税込合計	132,840	149,040	104,760		
7							

式を修正して絶対参照を使う

実際にC6セルに入力された数式に含まれるC1セルを絶対参照に変更してみよう。まず、C6セルをダブルクリックすると、入力された数式がセル内に表示され、編集できる状態に変わる。次に、絶対参照に変更したいセル番地の部分にカーソルを移動しよう。ここではC1の部分に移動だ。そして F4 **キー**を押すと、「C1」が「$C$1」に変更される。「$」を追加するには、Shift キーを押しながらキーボードの「4」のキーを押して入力してもかまわないが、F4 キーを使うと、行番号と列番号の前にそれぞれ「$」が追加される。一度のキー操作で2つの「$」を追加でき、効率的だ。セル番地が絶対参照に変わったら、Enter キーを押して数式の変更を確定しよう。それからC6セルをもう一度選択して、右下角にポインターを合わせて右へドラッグする。

オートフィル操作を再び実行すると、今度は、表示される計算結果は「0」ではなく、正しい税込金額になるはずだ。これは、コピー先の計算式の中で、掛け率を入力したC1セルへのセル参照が固定になり、ずれなくなったためだ。そのため、D6セルとE6セルに、今度は正しい税込金額がそれぞれ求められるようになる。

掛け率を絶対参照に変更してコピー

	A	B	C	D	E	F
1		請求明細	1.08			
2		商品名	顧客A	顧客B	顧客C	
3		チェア	39,000	26,000	13,000	
4		テーブル	28,000	56,000	28,000	
5		キャビネット	56,000	56,000	56,000	
6		税込合計	=SUM(C3:C5)*$C$1			
7						
8						

❶ C6セルでダブルクリックし、「C1」にカーソルを移動して F4 キーを押す

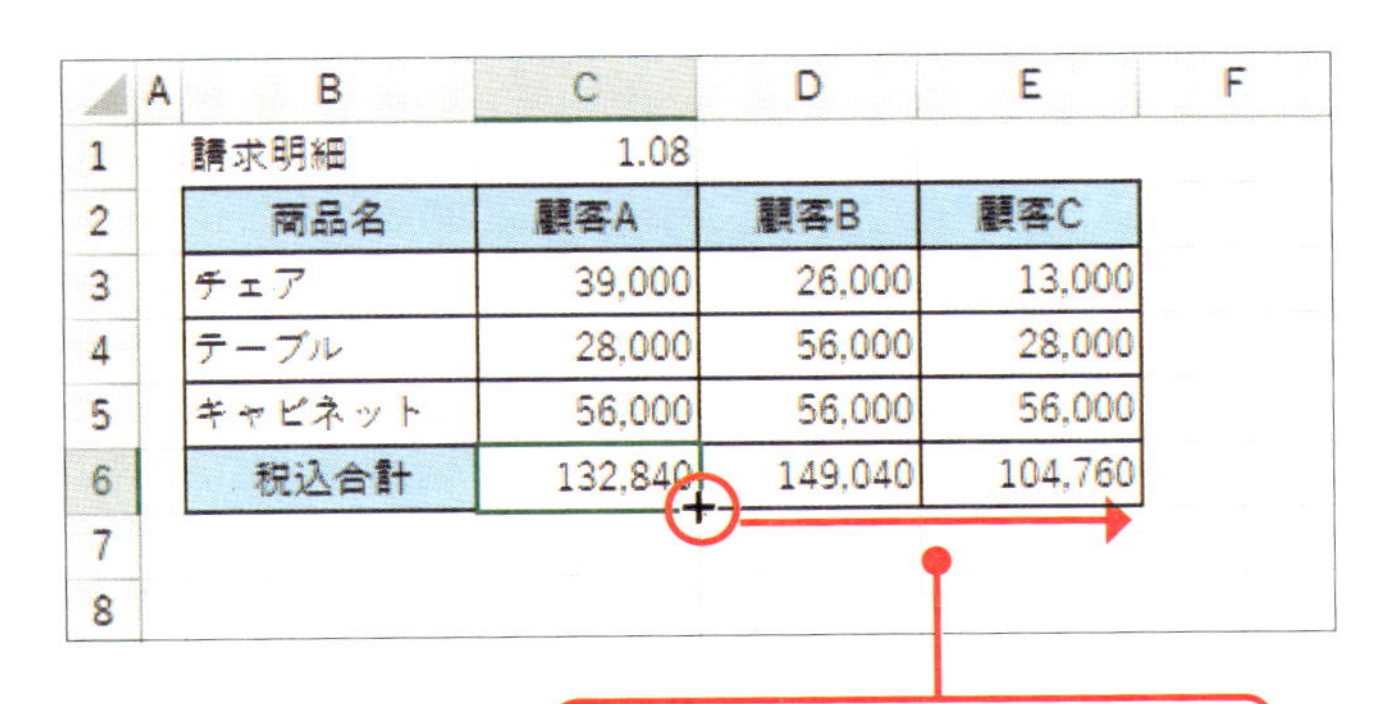

	A	B	C	D	E	F
1		請求明細	1.08			
2		商品名	顧客A	顧客B	顧客C	
3		チェア	39,000	26,000	13,000	
4		テーブル	28,000	56,000	28,000	
5		キャビネット	56,000	56,000	56,000	
6		税込合計	132,840	149,040	104,760	
7						
8						

❷ C6セルを右へコピーすると、税込合計が求められる

COLUMN

「循環参照が発生しています」と表示された

関数式を入力したとき、「循環参照が発生しています」というメッセージが表示されることがある。これは、関数を入力したセル自身が引数のセル範囲に含まれてしまっているため、参照関係が正しく認識できないことが原因だ。下の例では、F3セルに入力したSUM関数の式で、引数にF3自身が入ってしまっている。引数のセル範囲からF3を除外して「＝SUM(C3:E3)」と修正すれば、循環参照のエラーは解消される。

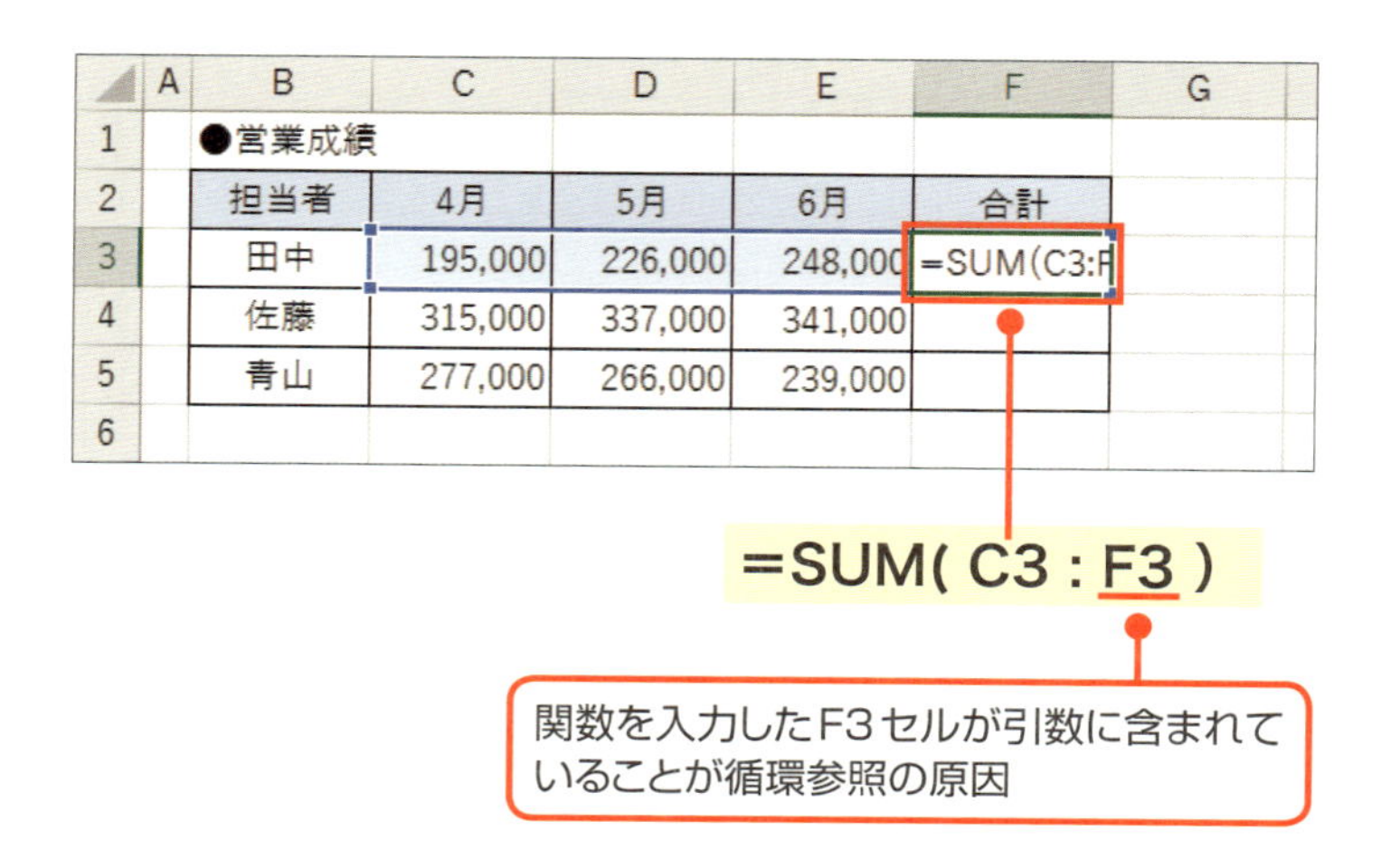

	A	B	C	D	E	F	G
1		●営業成績					
2		担当者	4月	5月	6月	合計	
3		田中	195,000	226,000	248,000	=SUM(C3:F	
4		佐藤	315,000	337,000	341,000		
5		青山	277,000	266,000	239,000		
6							

4章

応用編
ランクアップを目指す！
高度な関数をマスター

SECTION 20

比較を行い、＊＊以上なら「達成」、未満なら「未達」と表示させよう

セルを使った比較とは

4章では、ステップアップして高度な関数の使い方にトライしてみよう。

セルの内容によって異なるコメントや評価をシートに表示したいと思ったことはないだろうか。例えば左ページの例には、営業担当者別に売上実績が入力されている。営業担当者1人あたりの売上予算額のノルマが80万円だったとする。担当者の売上実績がこの予算額以上の場合は「達成」、反対に予算額を下回る場合は「未達」という評価をセルに表示させたい。関数を使うと、こんな作業も自動でできる。

関数を利用してこの作業を行うためには、3つの内容を決める必要がある。1つ目は判定するための条件だ。この例では「『実績』欄に入力されたセルの値が80万以上である」かどうかが条件になる。2つ目はその条件を満たす場合にセルに表示する言葉、3つ目はその反対に条件を満たさない場合にセルに表示させたい言葉をそれぞれ指定する。ここでは、「達成」、「未達」と指定する。まずは、この3点を頭に入れておこう。

プラスα

セルに「達成」、「未達」と評価を表示する

実績が80万以上なら「達成」、
そうでない場合は「未達」と表示したい

	A	B	C	D	E	F	G
1		売上一覧					
2		担当者	実績	評価			
3		田中	850,000	達成			
4		木本	560,000	未達			
5		秋山	1,020,000	達成			
6		吉田	790,000	未達			
7							

条件

「実績」が80万以上

条件を満たす場合

達成

条件を満たさない場合

未達

条件はどうやって表現するのか？

この3つの決め事の中で一番複雑なものが「**条件**」だ。そこで、この条件をどうやって関数の中で表せばよいのか、そのルールをまずは頭に入れておきたい。

条件は、「はい」か「いいえ」で答えられる比較の言葉で表そう。「○セルの内容が△と等しいか？」「○セルの内容が△よりも大きいか？」といった具合だ。

111ページの例では、最初の担当者の売上実績がC3セルに入力されている。このセルの内容を条件判定に使う場合は、「C3セルに入力された値が80万以上である」と指定すればよい。では、これを実際にどう入力すればよいだろうか。

まず、「〜以上」、「〜より大きい」といった比較の状況を表現するには、左ページの例にある専用の記号を使う。先ほどの条件を指定するには、「C3＞＝800000」と入力する。

最初に実績が入力されたセル番地C3を指定して、次に「〜以上」を表す記号「＞＝」を入力。最後に「800000」という比較に使う数字を指定している。入力するときには、この順番を間違えないことがポイントだ。**「セル」＋「記号」＋「比較の基準」の順番**になる。まずこの順序を呪文のように繰り返して頭に入れてしまおう。

条件は比較の記号を使って表現する

比較に使う記号	意味
＝	等しい
＞	より大きい
＜	より小さい
＞＝	以上
＜＝	以下
＜＞	等しくない

条件は「セル＋記号＋比較の基準」で書く

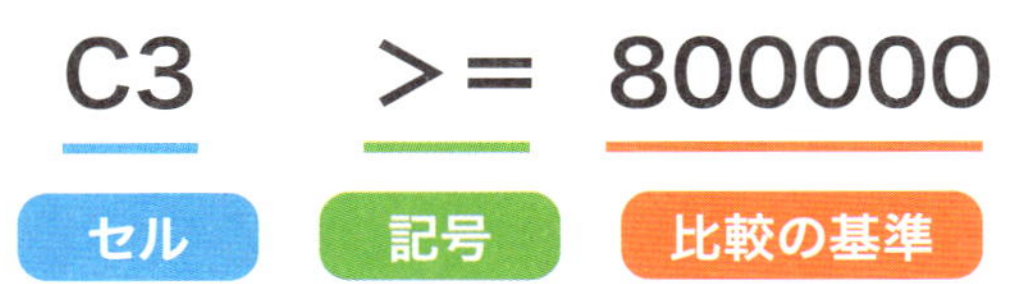

C3セルの数値が
80万以上

SECTION 21

ＩＦ関数を使ってみよう

では実際に、「達成」、「未達」といった評価をセルに表示してみよう。このように条件を満たすかどうかでセルの表示内容を切り替えるには、**ＩＦ（イフ）関数**を使う。ＩＦ関数は「もしも」という言葉の意味から想像できるように、**条件を指定して、その条件が成り立つ場合はＡと表示し、そうでない場合、つまり条件を満たさない場合はＢと表示する**ように利用する。戻り値をＡとＢの2通りに切り替える関数だ。

ＩＦ関数を入力するには、専用の入力画面を使おう。ＩＦ関数は複数の引数を持つので、キーボードから直接入力するには、ややハードルが高い。

プラスα

関数ダイアログボックスを使って入力する

左ページの例を参考に、セルを選んで「**Ｆｘ**」ボタンをクリックすると、まず「関数の挿入」ダイアログボックスが開く。これは関数の検索画面だ。上の欄で関数名を入力して検索を実行し、検索結果の一覧から関数名を選択すると、その関数の引数を指定するダイアログボックスが開く。

IF関数をダイアログボックスから入力する

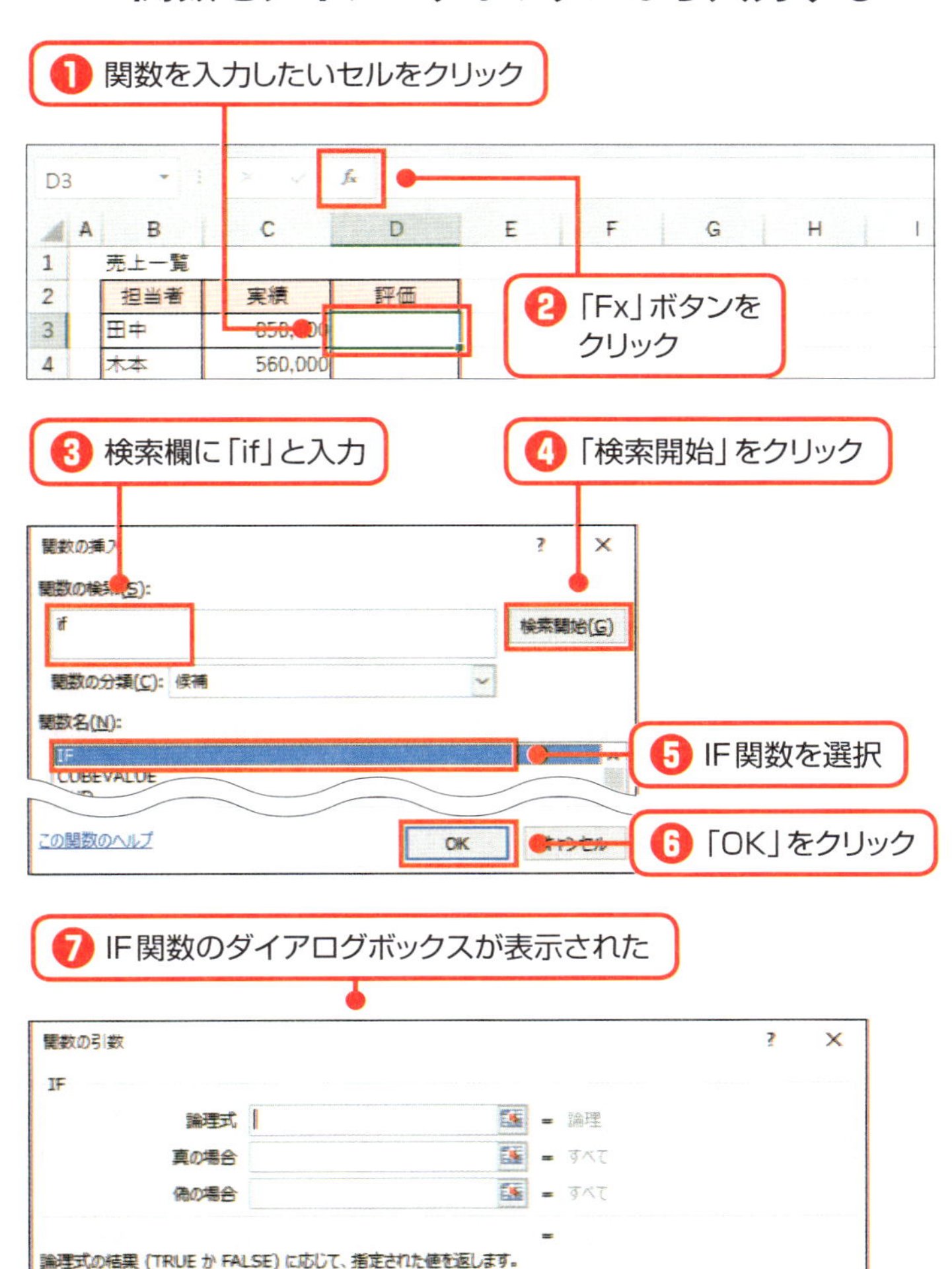

「関数の引数」ダイアログボックスを理解する

ＩＦ関数の**「関数の引数」ダイアログボックス**が表示されたところで、引数をどのように指定するのかをあらかじめ確認しておこう。ダイアログボックスに引数欄が３つあることからもわかるように、ＩＦ関数では３つの引数を指定する。

最初の引数は比較の条件だ。最初の欄に、１１３ページの記号を使って条件の内容を入力しよう。この例では、C3セルの数値が80万以上であるかどうかを判定するので、「C3＞＝800000」と入力する。「セル」＋「記号」＋「比較の基準」の順番だ。

２番目の引数には、その条件を満たす場合にセルに表示する文字を指定する。ここでは、実績が80万以上の場合に表示する「達成」という言葉を指定すればよい。なお、左ページの例では、入力した言葉がダブルクォーテーション「"」で囲まれているが、このルールについては１２０ページで説明する。

最後の引数には、条件を満たさない場合にセルに表示する言葉を指定する。ここでは一番下の引数欄に「未達」と入力すればよい。**条件を満たす状態、満たさない状態をエクセルではそれぞれ「真である」「偽である」という言葉で表す**ことも知っておきたい。

IF関数の引数を理解する

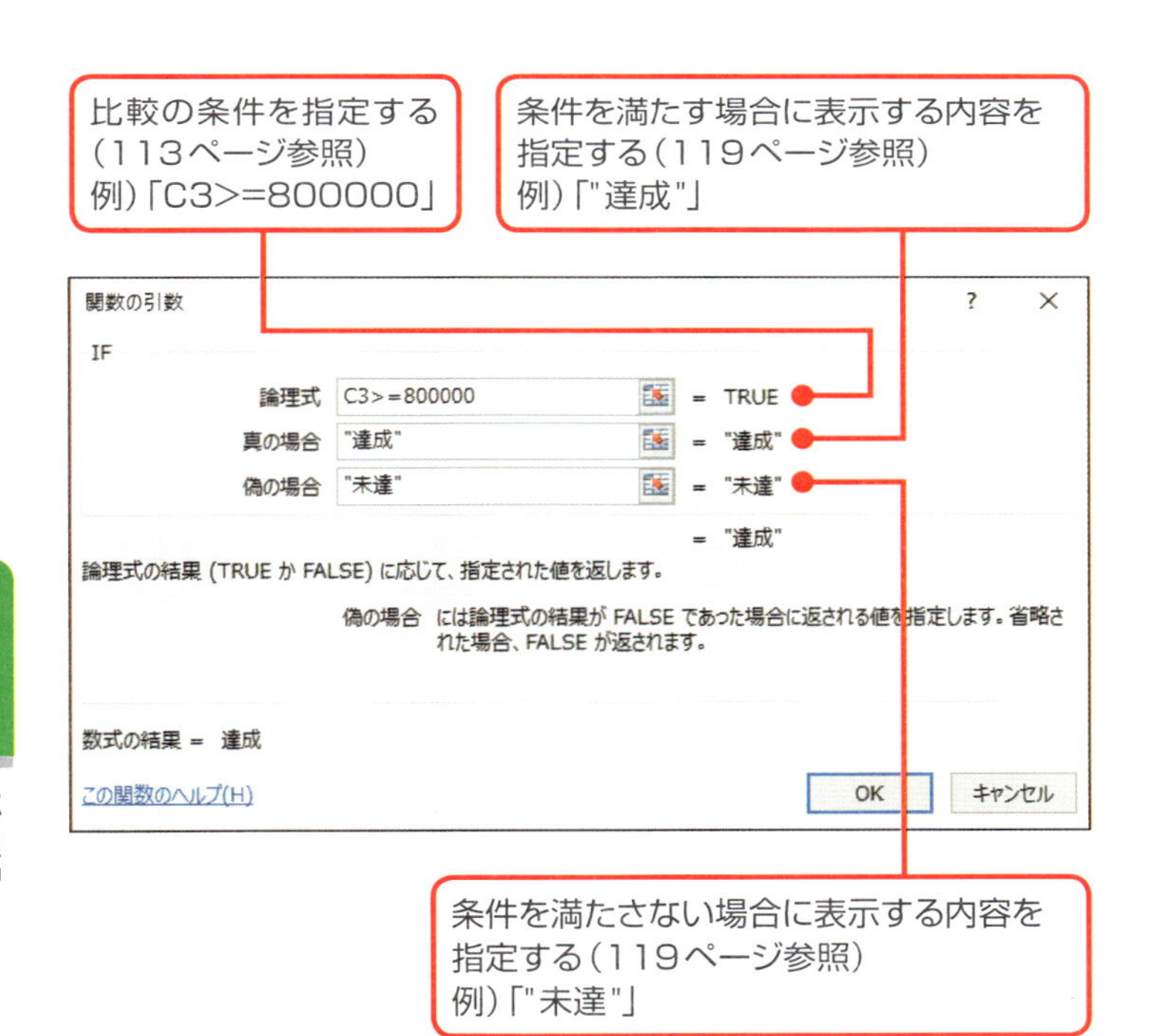

SUMMARY

IF関数は「比較の条件」「真の場合の表示」「偽の場合の表示」の3つの内容を引数に指定する

IF関数の引数を入力する

115ページの手順でIF関数の「関数の引数」ダイアログボックスが表示される。まず「**論理式**」と書かれた最初の引数欄をクリックして、カーソルが現れたら比較の条件を「C3>=800000」と入力しよう。このときセル番地や記号、比較に使う数字などはすべて半角で入力するのが基本だ。

次に、「**真の場合**」と書かれた引数欄に、条件が成り立つ場合にセルに表示する内容を「達成」と入力する。その下の「**偽の場合**」の引数欄には、条件が成り立たない場合にセルに表示する内容を「未達」と入力する。以上で引数の指定は完了だ。「OK」ボタンをクリックすると、ダイアログボックスが閉じ、D3セルにIF関数の式が入力される。セルには、IF関数の戻り値が「達成」と表示されるはずだ。これはC3セルに入力した値「850,000」が予算額の「800,000」以上だからだ。

なお、この後、オートフィル操作でD3セルの関数式を下のセルにコピーすれば、ほかの担当者の評価が111ページのように表示される。これを見ると、担当者の売上が80万円以上かどうかで評価の内容が異なる。IF関数が機能して、条件の判定が正しく行われていることとわかる。

IF関数の引数を入力する

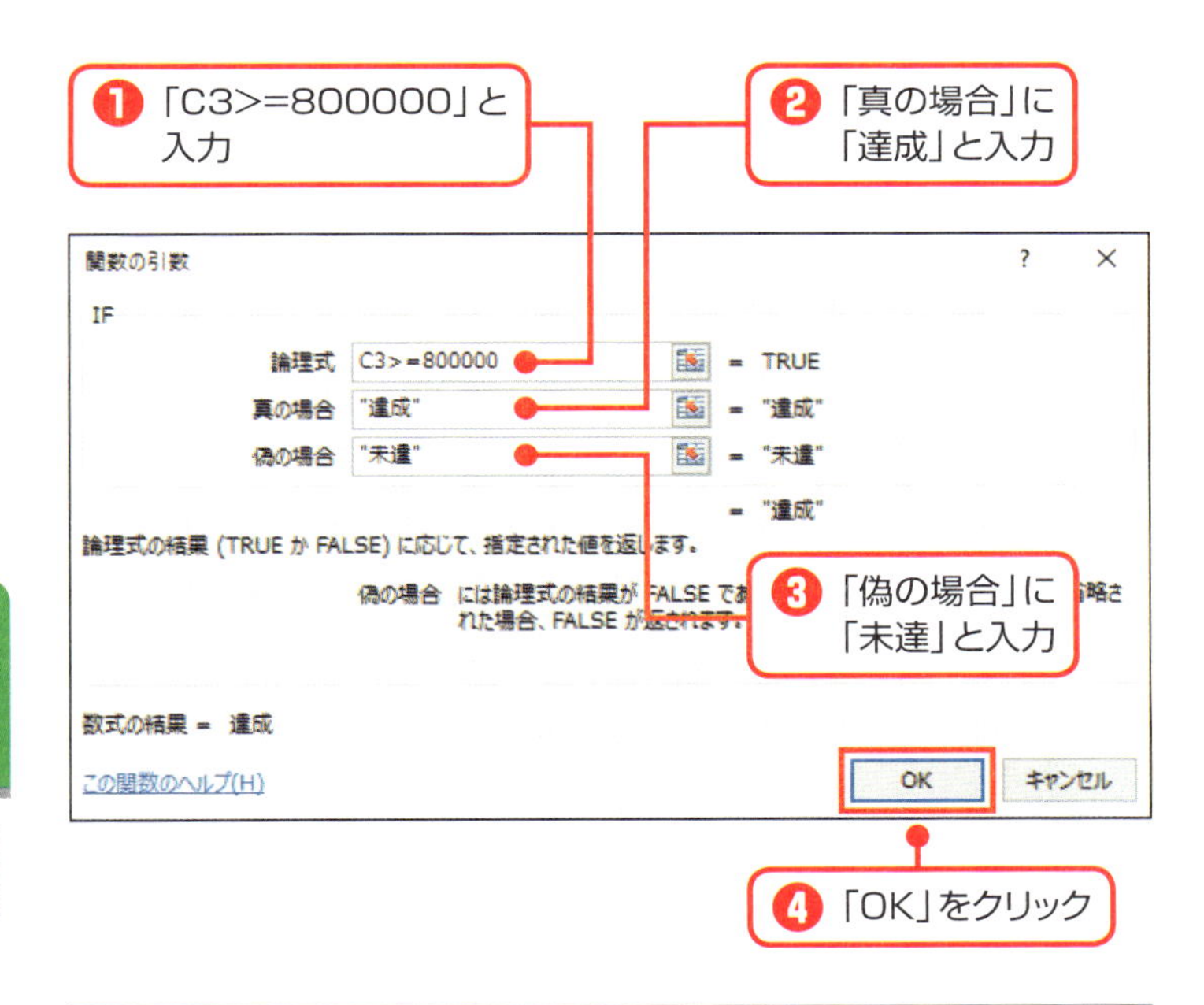

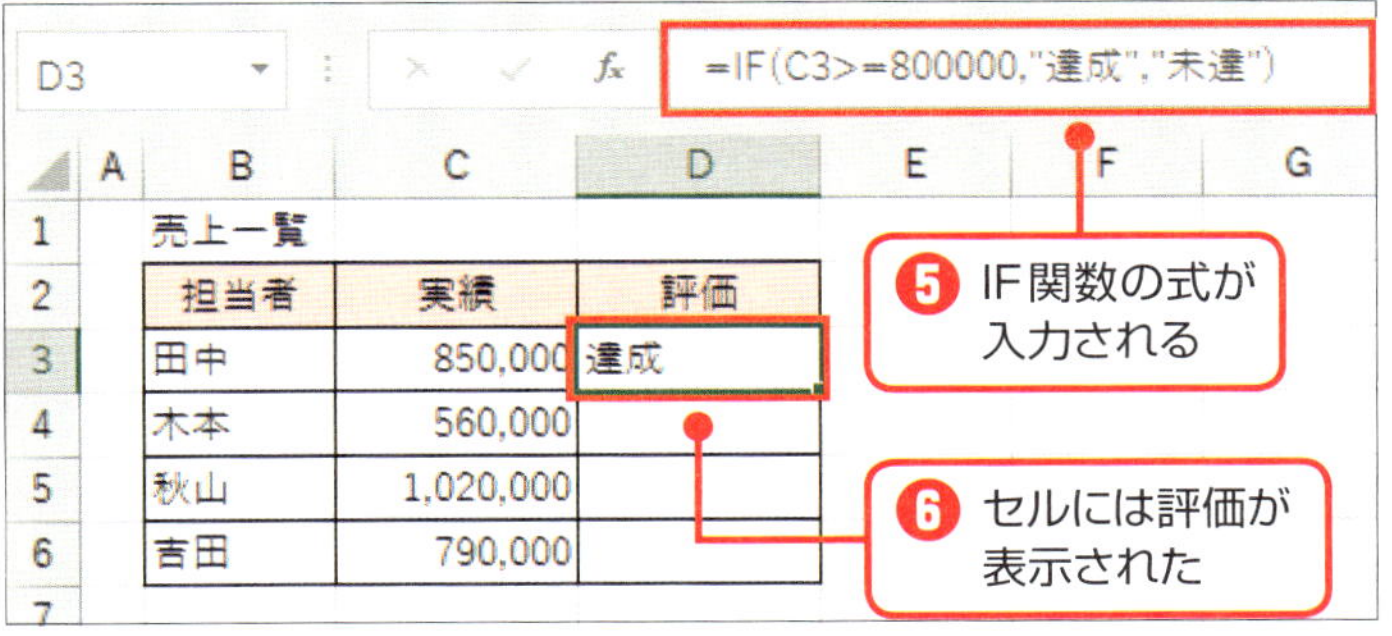

	A	B	C	D
1		売上一覧		
2		担当者	実績	評価
3		田中	850,000	達成
4		木本	560,000	
5		秋山	1,020,000	
6		吉田	790,000	

入力を間違えた際の修正の仕方

引数の指定をうっかり間違えてしまうこともある。ここでは、一度入力した引数を訂正する方法を知っておこう。関数を入力したセルを選んで、数式バーの左にある「Fx」ボタンをクリックすると、そのセルに入力された関数の「関数の引数」ダイアログボックスが再び開く。引数欄には現在の設定が入っているので、必要な個所だけを訂正して、「OK」を押してダイアログボックスを閉じればよい。

ここで細かいルールをひとつ知っておこう。左ページの下の例の「関数の引数」ダイアログボックスを見ると、「真の場合」と「偽の場合」に指定した「達成」、「未達」という言葉が、どちらもダブルクォーテーション「"」で囲まれている。これは**セルに表示する言葉は「"」で囲む**というルールがあるためだ。

なお、この「"」は、「達成」などと文字を入力して次の引数欄に移動するか「OK」をクリックした時点で自動的に追加される。これは「関数の引数」ダイアログボックスでは、入力を手助けしてくれる機能が働くためだ。ちなみに、ダイアログボックスを使わずにキーボードからIF関数の式を直接入力した場合は、自分で「"」を付けて「"達成"」のように入力しなければならないので注意が必要だ。

一度入力した関数を修正する

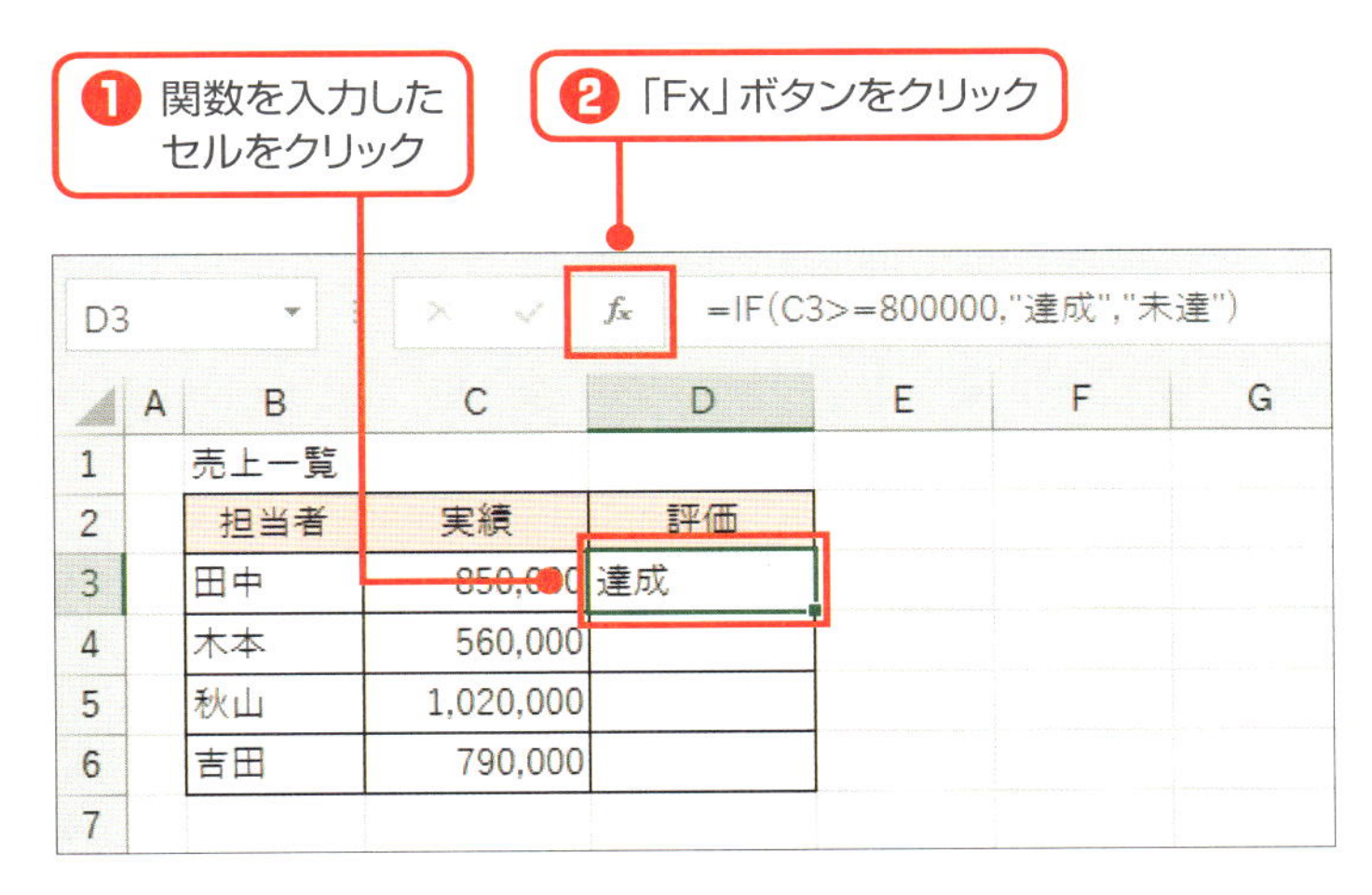

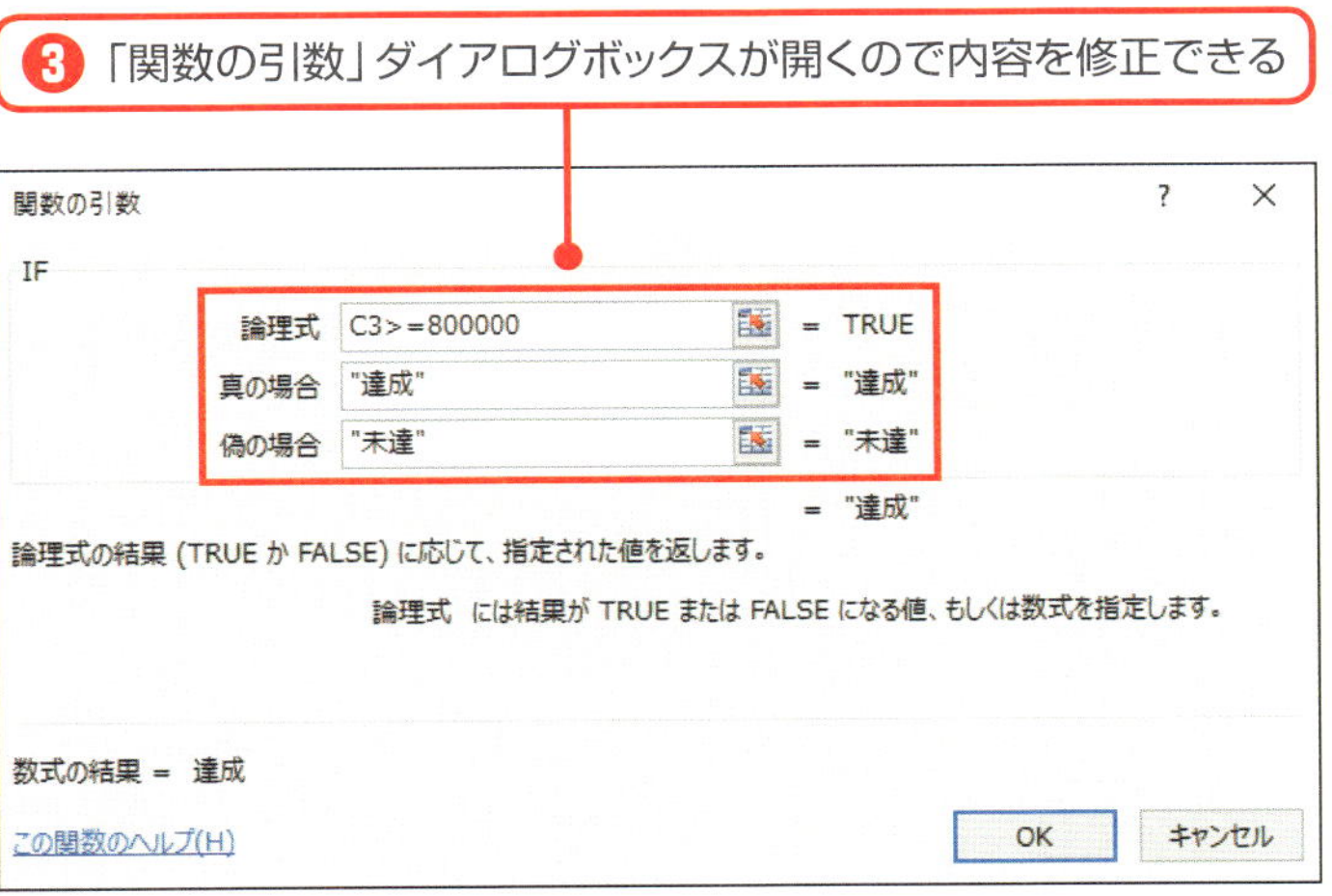

SECTION 22

プラスα

条件を達成した値だけを合計しよう

＊＊営業所だけの合計を行う

左ページの例から、東京営業所の金額だけを合計するにはどうすればよいだろうか。単純にすべての金額を合計するならSUM関数の出番だが、合計したいのは「東京の売上」だけなのでSUM関数は使えない。このように、指定した条件に当てはまるデータだけを抜き出して合計するには、**SUMIF（サムイフ）関数**を使う。名前から想像できるように、SUMIF関数は、SUMとIFの2つの機能を併せ持つ関数だ。

SUMIF関数のしくみを説明しよう。まず「営業所」欄のセル、つまりC3からC10セルの中から「東京」と入力されたセルを順番に探す。見つかったら同じ行にあるD列の「金額」欄の数値を合計する。ここでは「東京」が3件あるので、同じ行にあるD3、D7、D9セルの数値が合計されるのだ。

SUMIF関数では、条件のセル範囲、検索する条件、合計したい数値のセル範囲、の3つを引数に指定してこれらの計算を行う。

「営業所」が「東京」の売上を合計する

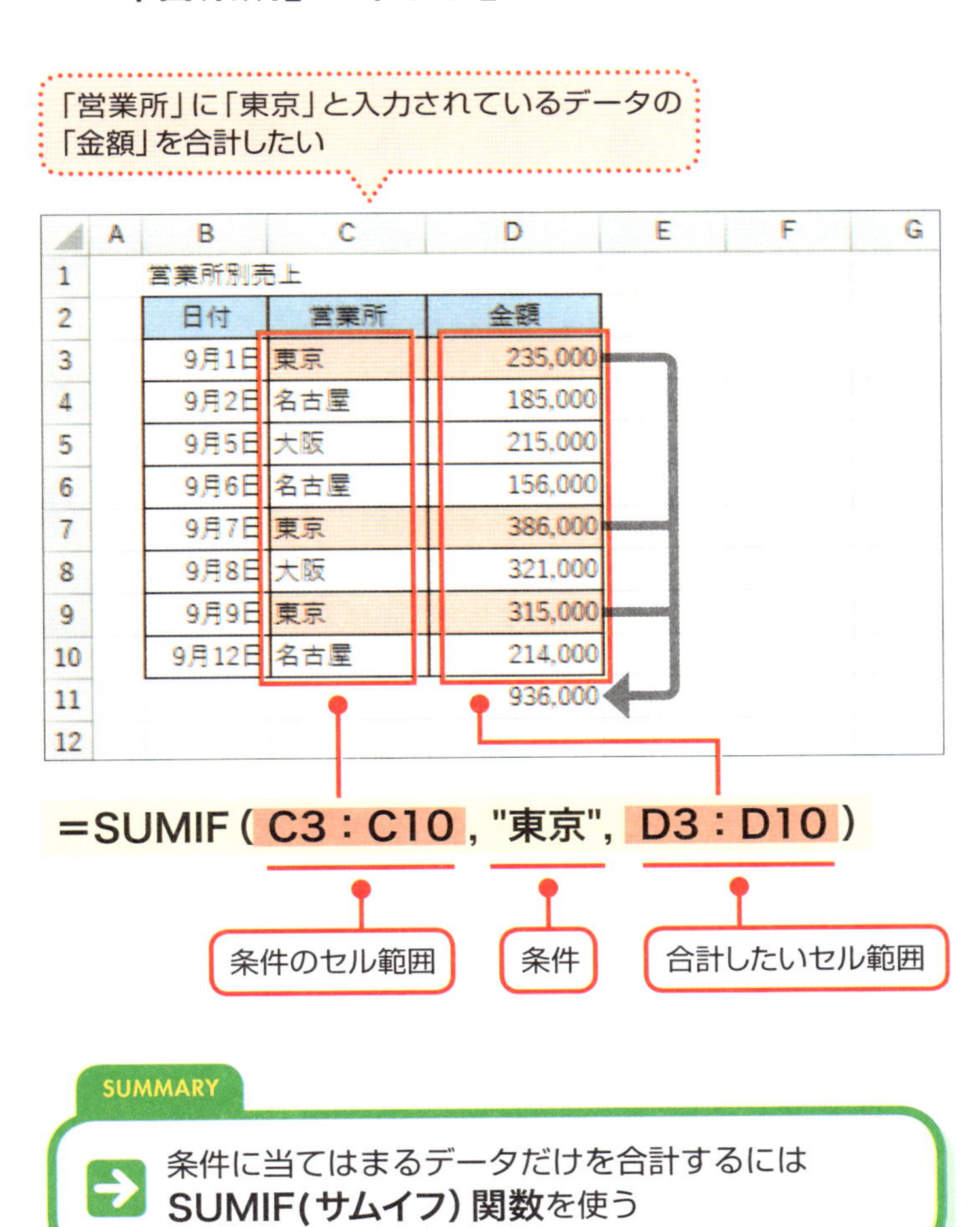

SUMMARY

条件に当てはまるデータだけを合計するには **SUMIF(サムイフ)関数**を使う

ダイアログボックスにＳＵＭＩＦ関数の引数を入力する

ＳＵＭＩＦ関数を入力してみよう。入力したいセルを選んで「Ｆｘ」ボタンを押して、ＳＵＭＩＦ関数を挿入するところまでは１１４ページと同じ手順だ。ＳＵＭＩＦ関数の「関数の引数」ダイアログボックスが開いたら、左ページの例のように引数を設定しよう。

ＳＵＭＩＦ関数は引数を３つ指定する。最初の引数「範囲」に指定するのは、条件が入力された一連のセル範囲だ。ここでは「営業所欄が『東京』」という条件なので、営業所が入力されたC3からC10までのセル範囲を指定すればよい。

２番目の引数「検索条件」には、条件の内容を指定する。ここでは「東京」と直接入力する。なお、入力後に次の引数欄をクリックすると、「東京」の前後には自動的にダブルクォーテーション「"」が追加される。これは、ＳＵＭＩＦ関数の引数でも、ＩＦ関数と同様に文字列は「"」で囲むというルールがあるためだ。

最後の引数「合計範囲」の欄には、合計したい数値が入力されたセル範囲を指定する。ここでは、金額が入力されたD3からD10までのセル範囲を指定する。「ＯＫ」ボタンでダイアログボックスを閉じると、ＳＵＭＩＦ関数の式が入力される。セルには戻り値が表示され、「東京」営業所の「金額」だけが合計されているはずだ。

SUMIF 関数の引数を入力する

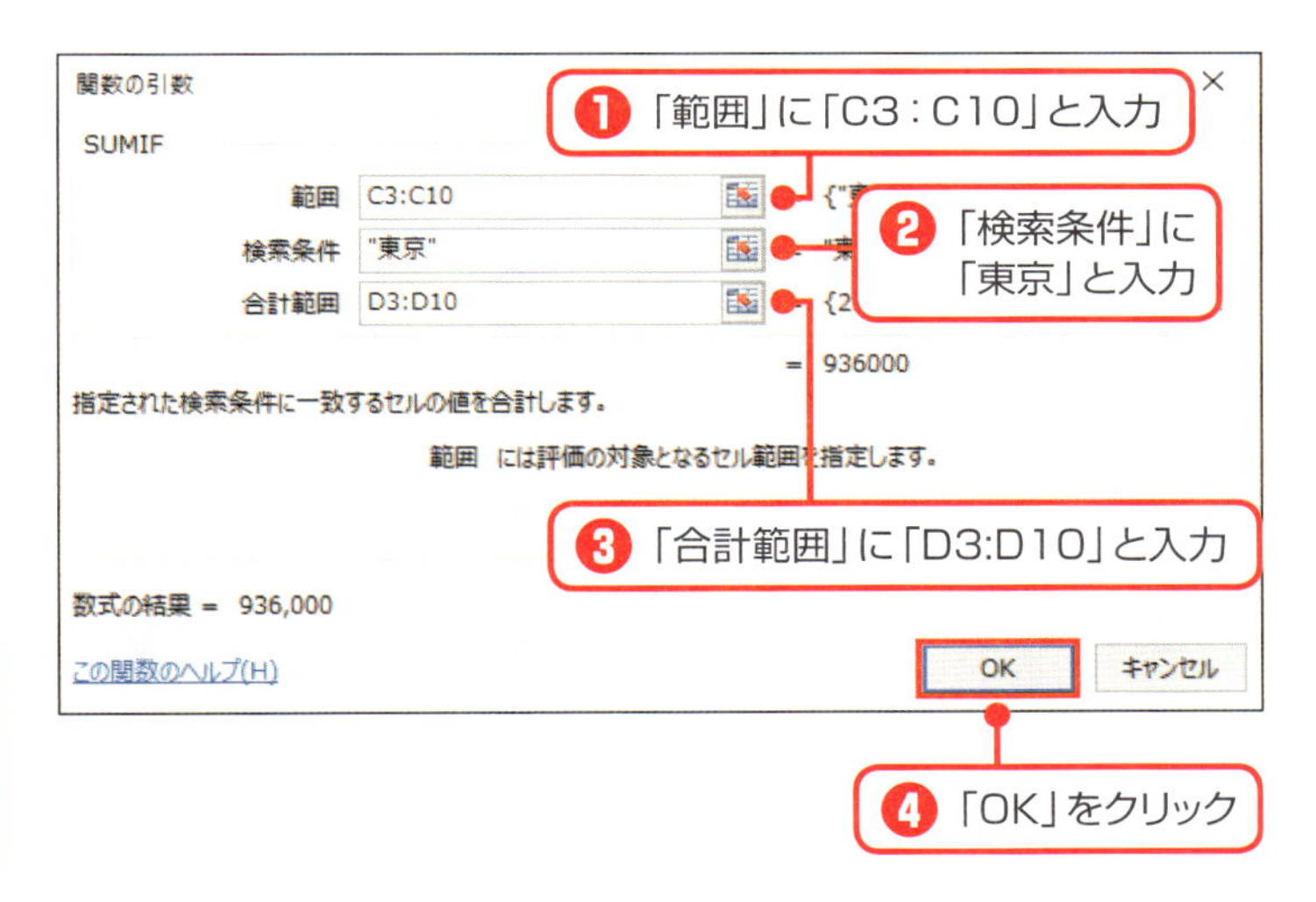

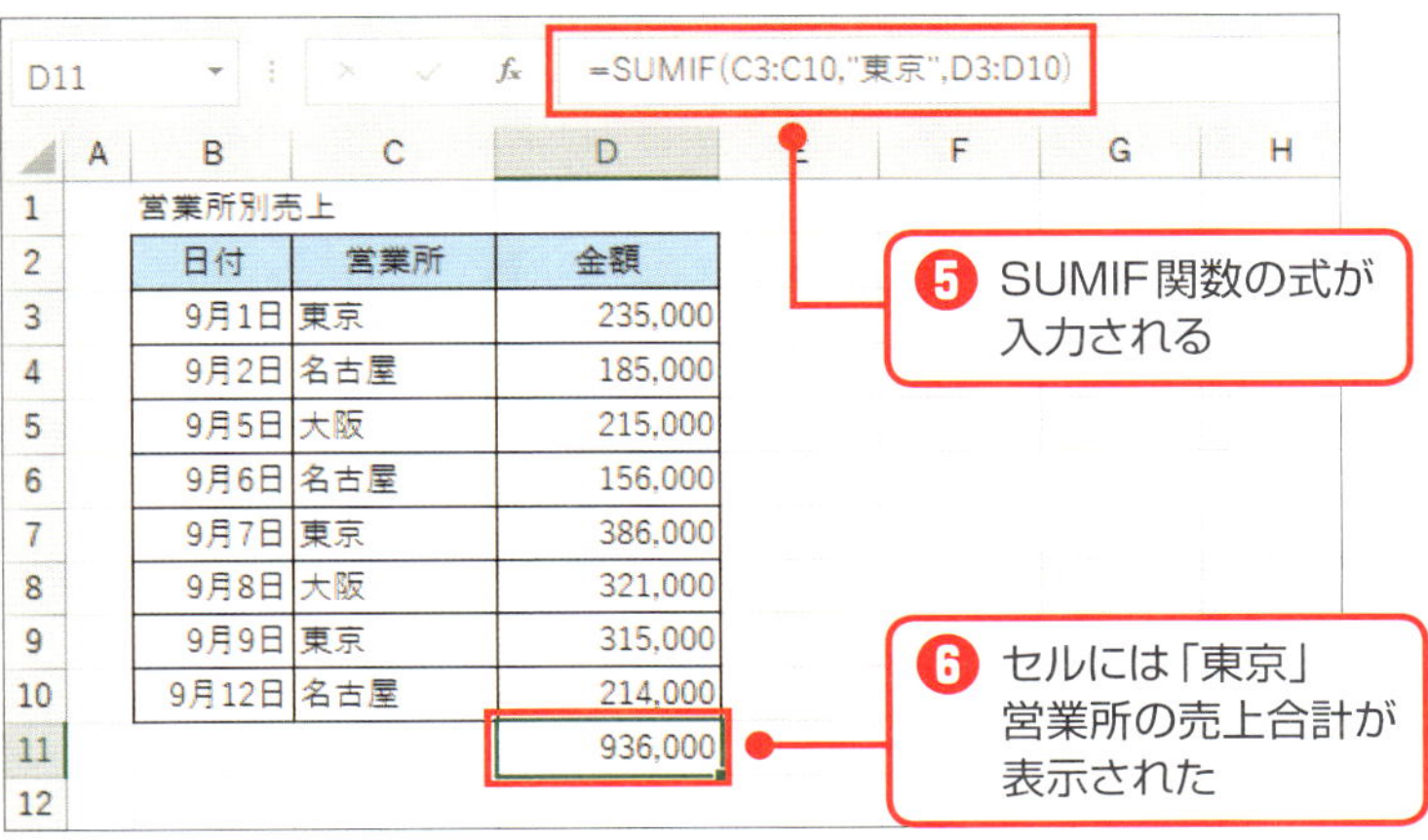

SECTION 23

条件を達成した値だけを数えよう

プラスα

COUNTIF関数について理解する

次は、SUMIF関数の仲間、COUNTIF（カウントイフ）関数を解説しよう。

左ページの例から東京営業所の売上「件数」を求めたい。件数は、表の中にそのセルがいくつ出てくるか、つまりセルの個数を数えれば求められる。単純にセルの個数を数えるならCOUNT関数を使いたいところだが、「東京の売上のみ」という条件が付くため、COUNT関数は使えない。そこでCOUNTIF関数の出番になる。

COUNTIF関数は、COUNT（セルを数える）とIF（条件を満たすかどうかを判定する）の2つを合体させ、条件に当てはまるセルの数を数える関数だ。

具体的には、C3からC10セルに入力された「営業所」欄の中から「東京」と入力されたセルを探して、その個数を数える。この表では、C3、C7、C9の3つのセルに「東京」と入力されているので、戻り値は「3」になる。COUNTIF関数では、条件のセル範囲と検索する条件の2つを引数に指定してこの計算を行う。

「営業所」が「東京」のデータ件数を求める

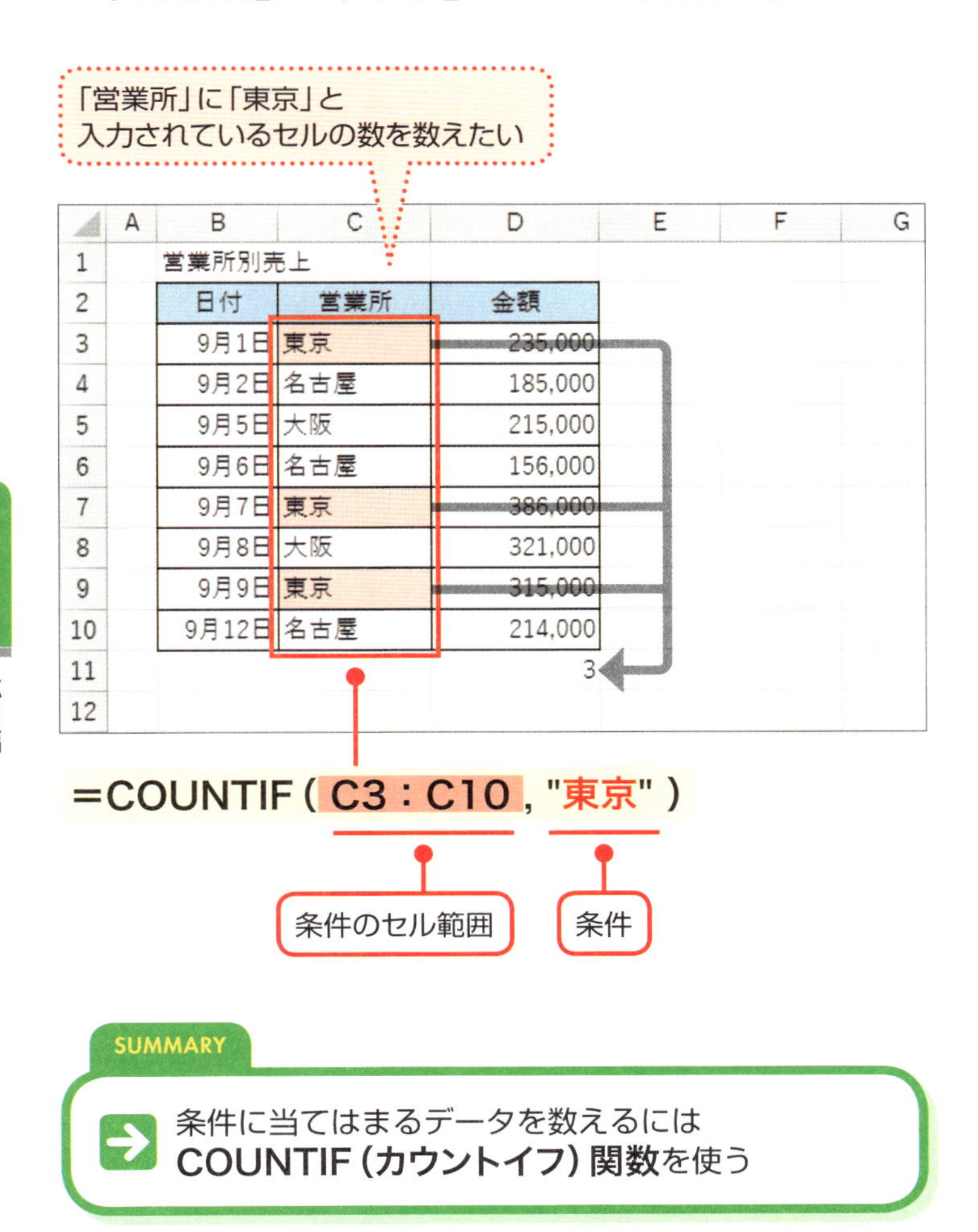

SUMMARY

条件に当てはまるデータを数えるには
COUNTIF（カウントイフ）関数を使う

関数ダイアログボックスに引数を入力する

114ページと同じ手順でCOUNTIF関数を入力しよう。COUNTIF関数の「関数の引数」ダイアログボックスが開いたら、左ページの例のように引数を設定する。

COUNTIF関数の引数は2つある。最初の引数「範囲」には、条件が入力された一連のセル範囲を指定する。この例では「営業所欄が『東京』である」という条件なので、営業所の名前が入力されているC3からC10までのセル範囲を指定すればよい。

2番目の引数「検索条件」には、条件の内容を直接入力する。ここでは「東京」と入力するわけだ。なお、SUMIF関数と同様に、条件の言葉はダブルクォーテーション「"」で囲む決まりがある。「東京」と入力して「OK」ボタンをクリックした時点で、前後に「"」が自動で追加されるので、基本的にこの「"」は入力不要だ。

「OK」ボタンをクリックすると、COUNTIF関数の式が入力される。これで、C3からC10セルに入力された営業所から「東京」を探して、そのセルの個数が戻り値として セルに表示されるはずだ。なお、COUNTIF関数とSUMIF関数は引数の指定方法がよく似ているので、一緒に覚えておくのがおススメだ。使い道が広がり、幅広い集計に役立つことは間違いない。

COUNTIF関数の引数を入力する

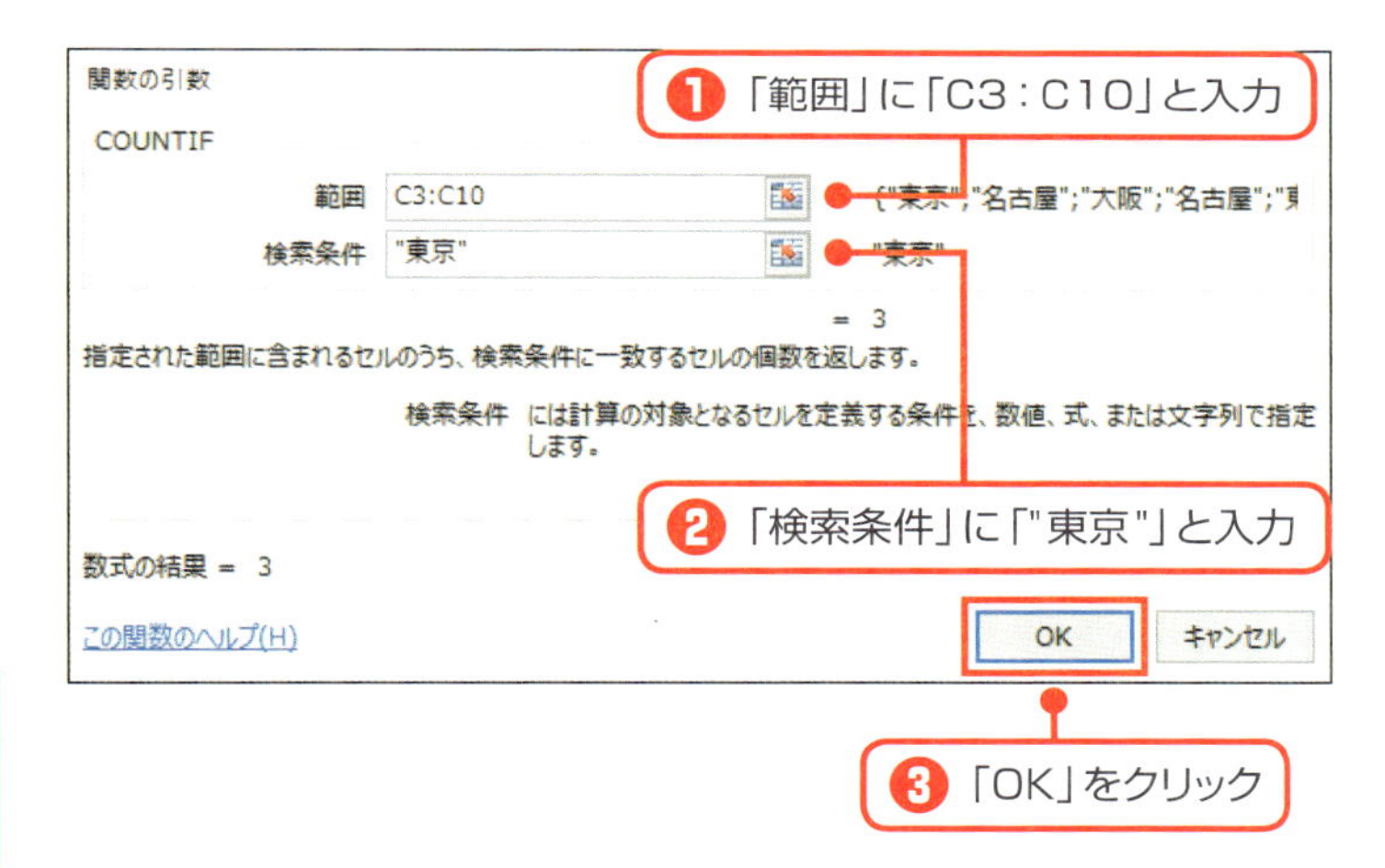

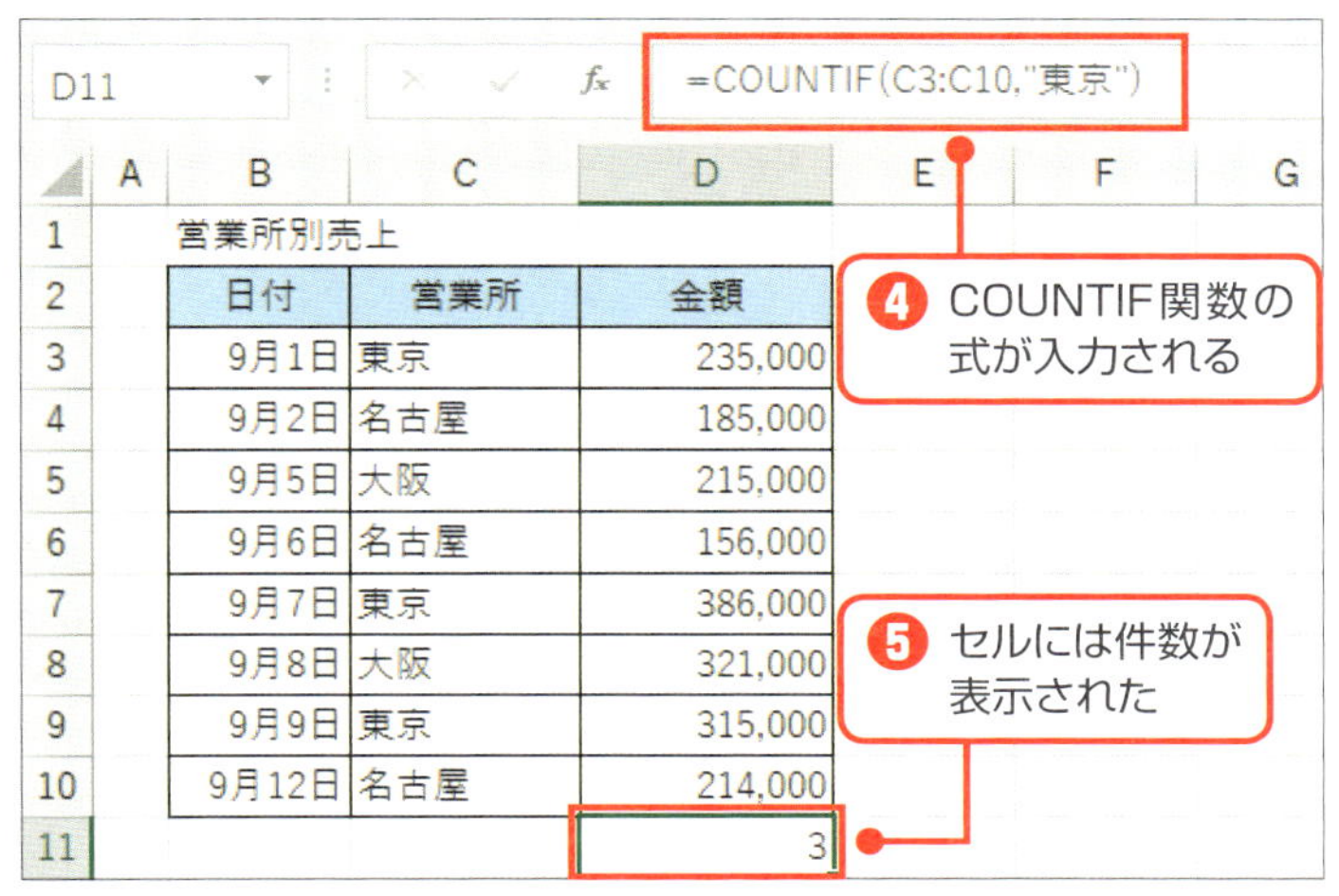

	A	B	C	D
1		営業所別売上		
2		日付	営業所	金額
3		9月1日	東京	235,000
4		9月2日	名古屋	185,000
5		9月5日	大阪	215,000
6		9月6日	名古屋	156,000
7		9月7日	東京	386,000
8		9月8日	大阪	321,000
9		9月9日	東京	315,000
10		9月12日	名古屋	214,000
11				3

SECTION
24

プラスα

絶対参照を使って、正しいセルを参照させよう

ＩＦ関数を下にコピーするとすべて「達成」になる！

ここで、ＩＦ関数にもう一度挑戦しよう。左ページの例には、１１５ページのように担当者別の売上実績をまとめて、予算額をE1セルに入力した。D4セルには、ＩＦ関数の式が「＝IF（C4＞＝E1,"達成","未達"）」と入力されている。この数式の内容は、C4セルに入力された最初の担当者の売上実績がE1セルの予算額以上なら「達成」、そうでない場合は「未達」と表示するというものだ。C4セルの実績は「850,000」であり、E1セルの予算額は「800,000」なので、条件は満たされ、戻り値は「達成」となる。

ここで、このD4セルの数式をオートフィル機能を使って下のセルにコピーしてみると、すべてのセルに「達成」と表示されてしまう。セルの内容を確認してみると、C5セルは「560,000」だし、C7セルは「790,000」だ。どちらも明らかにE1セルの「800,000」より小さい数字だ。本来「未達」と表示されるはずのD5やD7セルにまでどうして「達成」と表示されてしまうのだろう。その原因を探ってみたい。

IF関数を下にコピーすると…

=IF (C4>=E1, "達成", "未達")

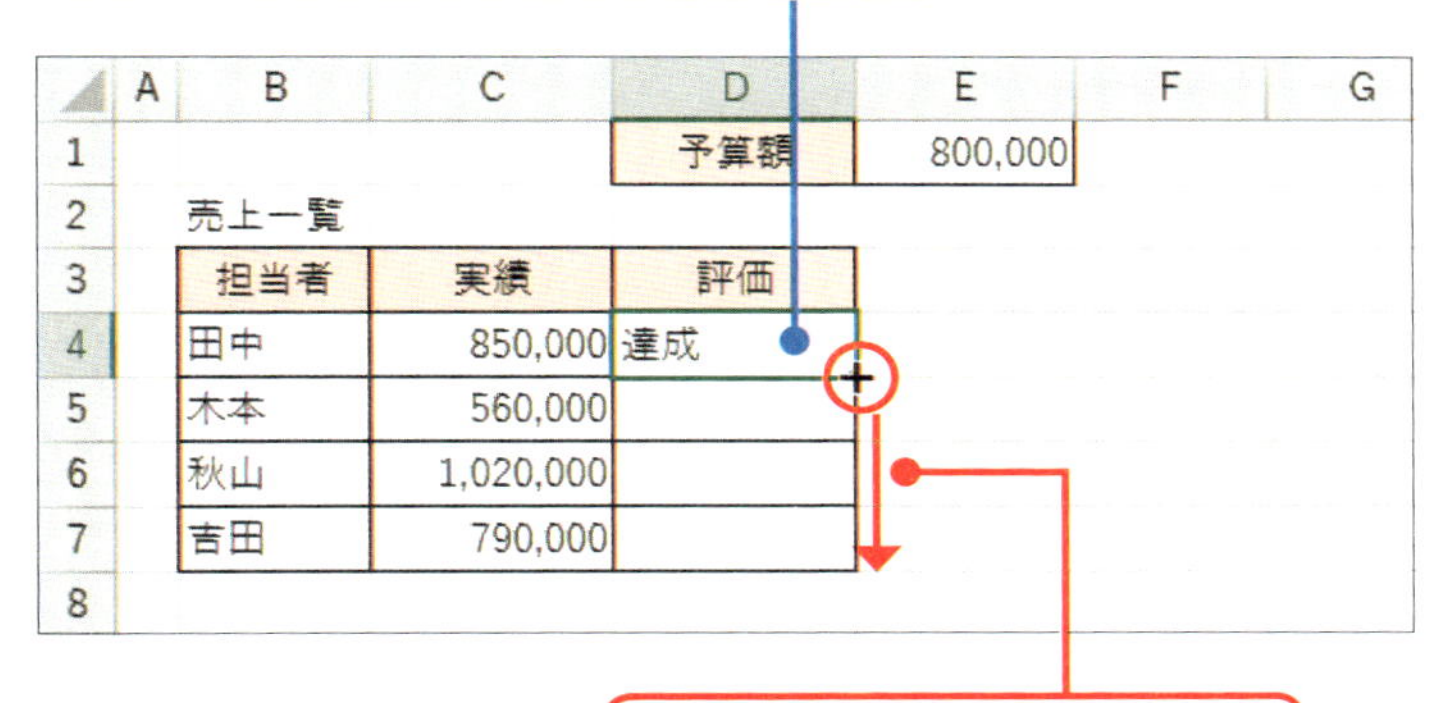

	A	B	C	D	E	F	G
1				予算額	800,000		
2		売上一覧					
3		担当者	実績	評価			
4		田中	850,000	達成			
5		木本	560,000				
6		秋山	1,020,000				
7		吉田	790,000				
8							

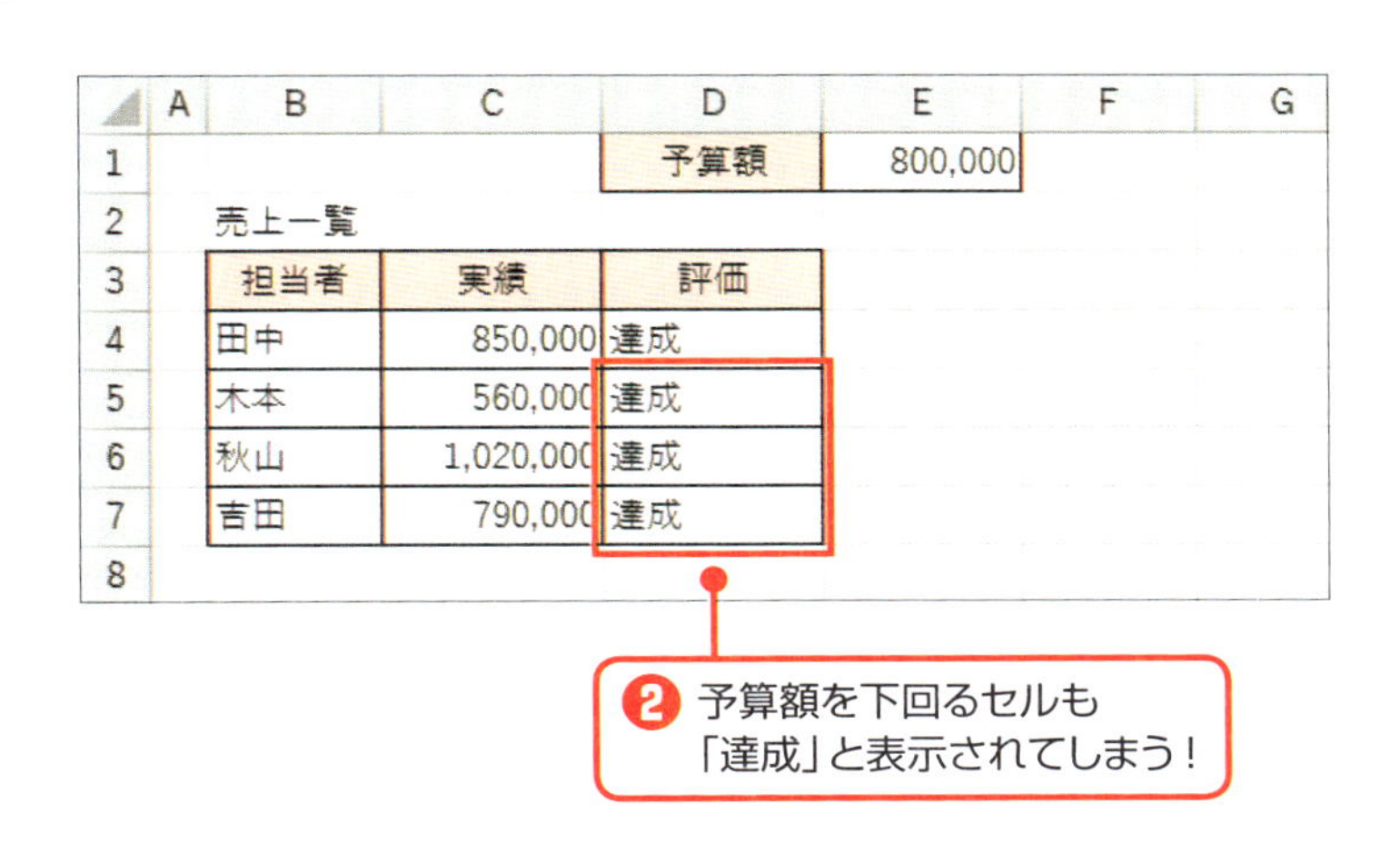

	A	B	C	D	E	F	G
1				予算額	800,000		
2		売上一覧					
3		担当者	実績	評価			
4		田中	850,000	達成			
5		木本	560,000	達成			
6		秋山	1,020,000	達成			
7		吉田	790,000	達成			
8							

なぜ正しく比較できないのか？

では、コピーされたＩＦ関数の式をひとつずつ見ていこう。最初にD4セルに入力したＩＦ関数の式は「＝IF（C4＞＝E1,"達成","未達"）」だ。これが１行下のD5セルにコピーされると、「＝IF（C5＞＝E2,"達成","未達"）」となっている。この式の最初の引数部分が「C5＞＝E2」となっている点に要注意だ。C5セルは２人目の担当者の売上実績を指すので問題ないが、比較の対象にしているE2セルはどうだろう。左ページの下の例で確認すると、E2セルは空欄になっている。つまり、２人目の担当者の売上実績を空欄セルと比較して大小を判定しているのだ。

予算額は常にE1 セルを参照させたいので
E1 セルを「絶対参照」にしよう！

コピーすると予算額が空欄セルになる

=IF(C5 >= E2, "達成", "未達")

=IF(C6 >= E3, "達成", "未達")

=IF(C7 >= E4, "達成", "未達")

エクセルでは、空欄セルは数値データが入力されたセルよりも「小さい」という扱いになる。「C5セルはE2セル以上である」という条件が満たされるため、「達成」が表示されるのだ。D6、D7セルにコピーされた関数式でも同じことが起こっている。空欄セルと比較するため、金額とは関係なくすべて「達成」になってしまうのだ。

D4セルの関数式をコピーした先でも正しい評価が表示されるようにしたい。それには、IF関数の最初の引数で、常に「E1セルの予算額」と実績を比較するようにすればよい。つまり、**E1セルを絶対参照（104ページ参照）に変更する**必要がある。

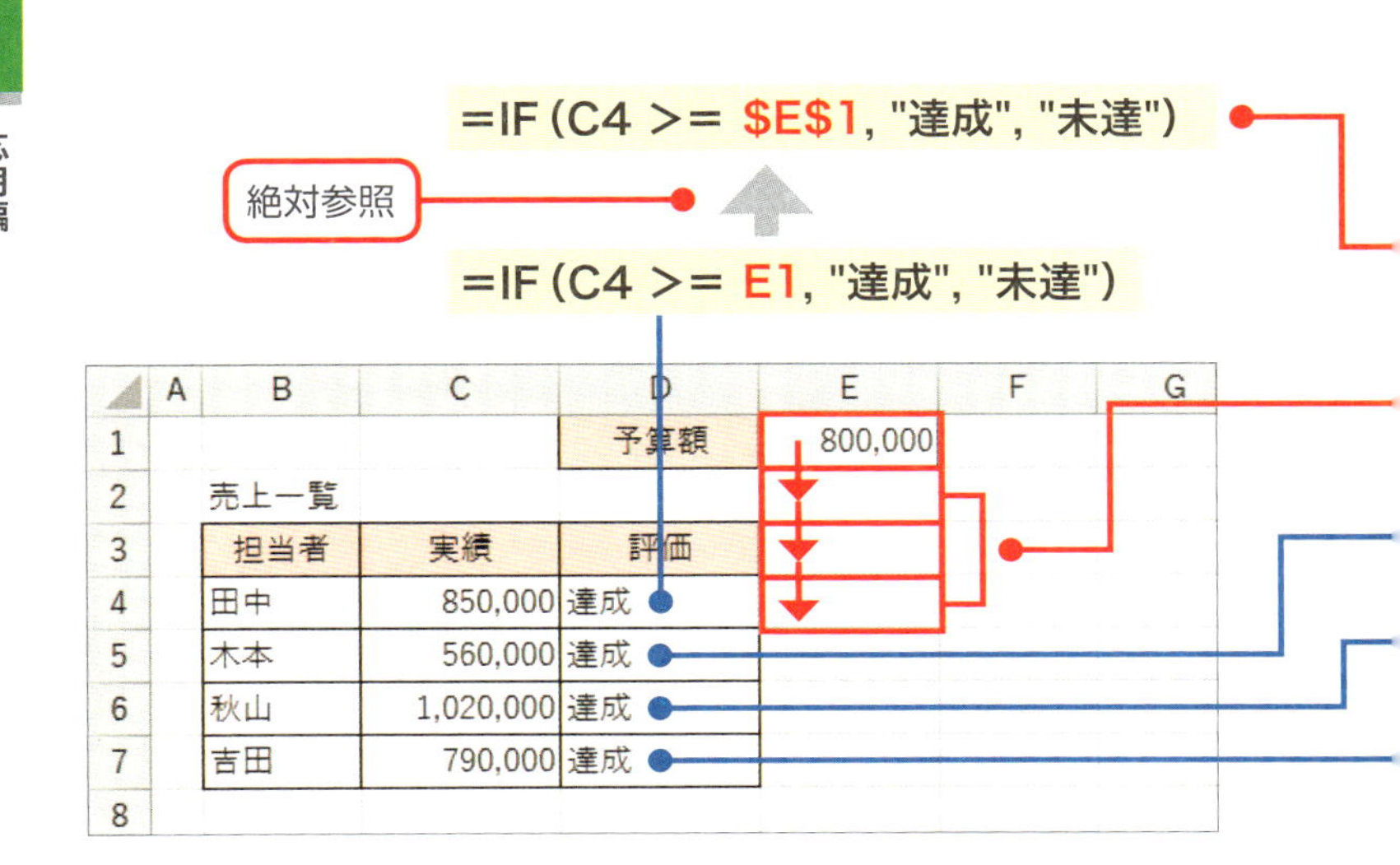

	A	B	C	D	E	F	G
1				予算額	800,000		
2		売上一覧					
3		担当者	実績	評価			
4		田中	850,000	達成			
5		木本	560,000	達成			
6		秋山	1,020,000	達成			
7		吉田	790,000	達成			
8							

絶対参照でセルを固定して正しい式に修正する

実際に、関数式の内容を修正してみよう。まずは、最初のＩＦ関数の式が入力されたD4セルをクリックして、「Ｆｘ」ボタンをクリックする。１２０ページでも紹介したように、「関数の引数」ダイアログボックスが再表示され、引数を修正できる状態になる。

ここで左ページの例を見てほしい。ダイアログボックスには、最初の引数「論理式」の欄には「C4>=E1」と表示されているはずだ。この「E1」の部分をクリックすると、ここにカーソルが表示される。その状態でF4キーを押すと、「E1」の部分が「$E$1」と変わる。これでセル番地「E1」は、関数式をコピーしても移動することのない絶対参照に変更された。１０６ページで解説したように、F4キーは、セル番地の参照形式を相対参照から絶対参照に変更するキーであることも一緒に思い出そう。

予算額のセル「E1」を絶対参照に変更できたら、「ＯＫ」ボタンをクリックして、ダイアログボックスを閉じる。その後、改めてD4セルを選んでからオートフィル操作でD7セルまで再度コピーしてみよう。今度は、予算額を入力したセルが「E1」のまま固定になるため、実績の金額が予算額の「800,000」以上かどうかに応じて正しい評価がセルに表示される。

予算額のセルを絶対参照に変更する

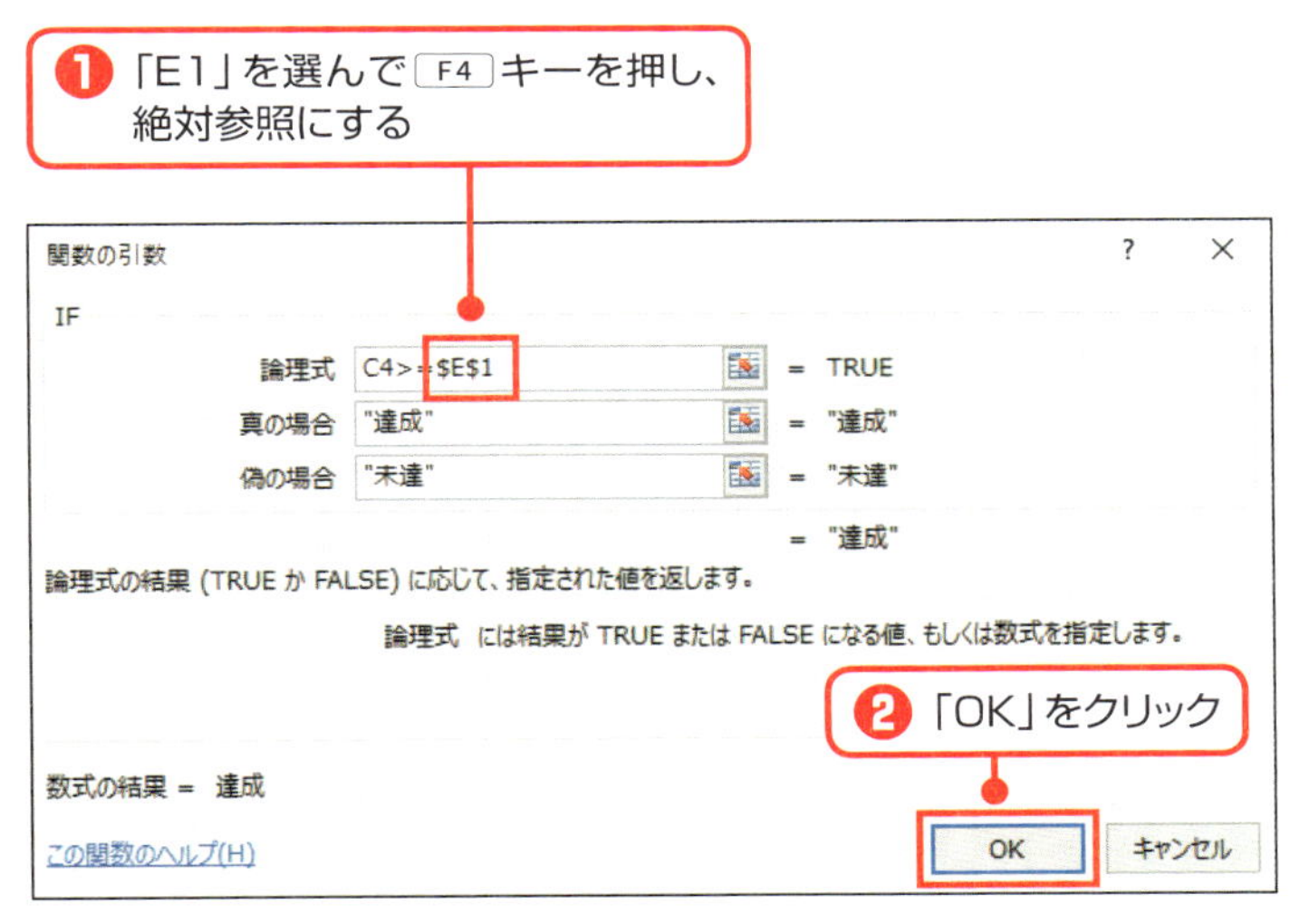

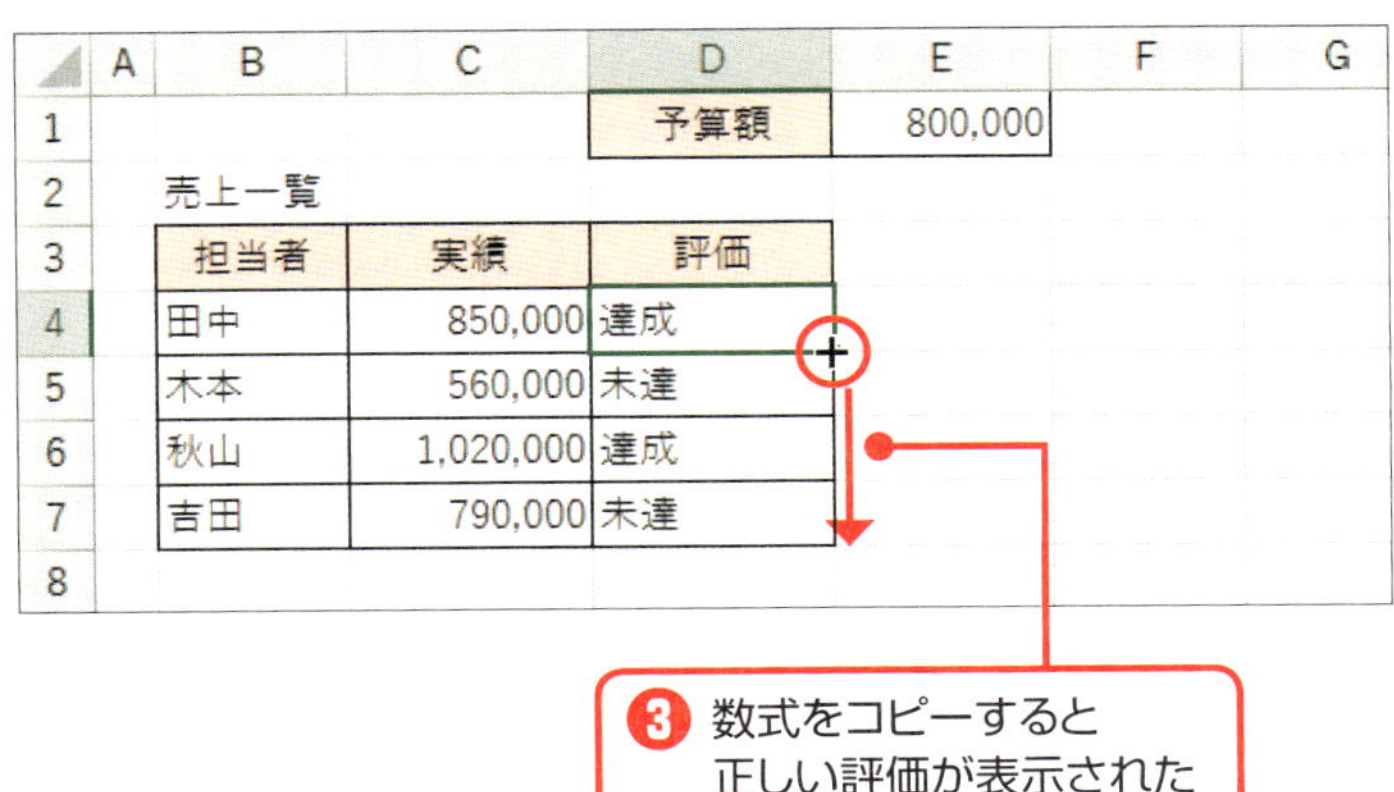

COLUMN

「#REF!」と表示された

「#REF!」というのは「数式などの参照先セルが見つからない」という意味のエラーだ。関数式の引数に指定したセルをうっかり削除してしまった場合、このエラーが表示される。下の例では、E列を削除したため、E1セルを式の中で参照していたセルにこのエラーが表示されている。表示されたエラーに対処するには、セルを削除する操作を元に戻すか、削除したセルを参照しないように関数式を入力し直す必要がある。

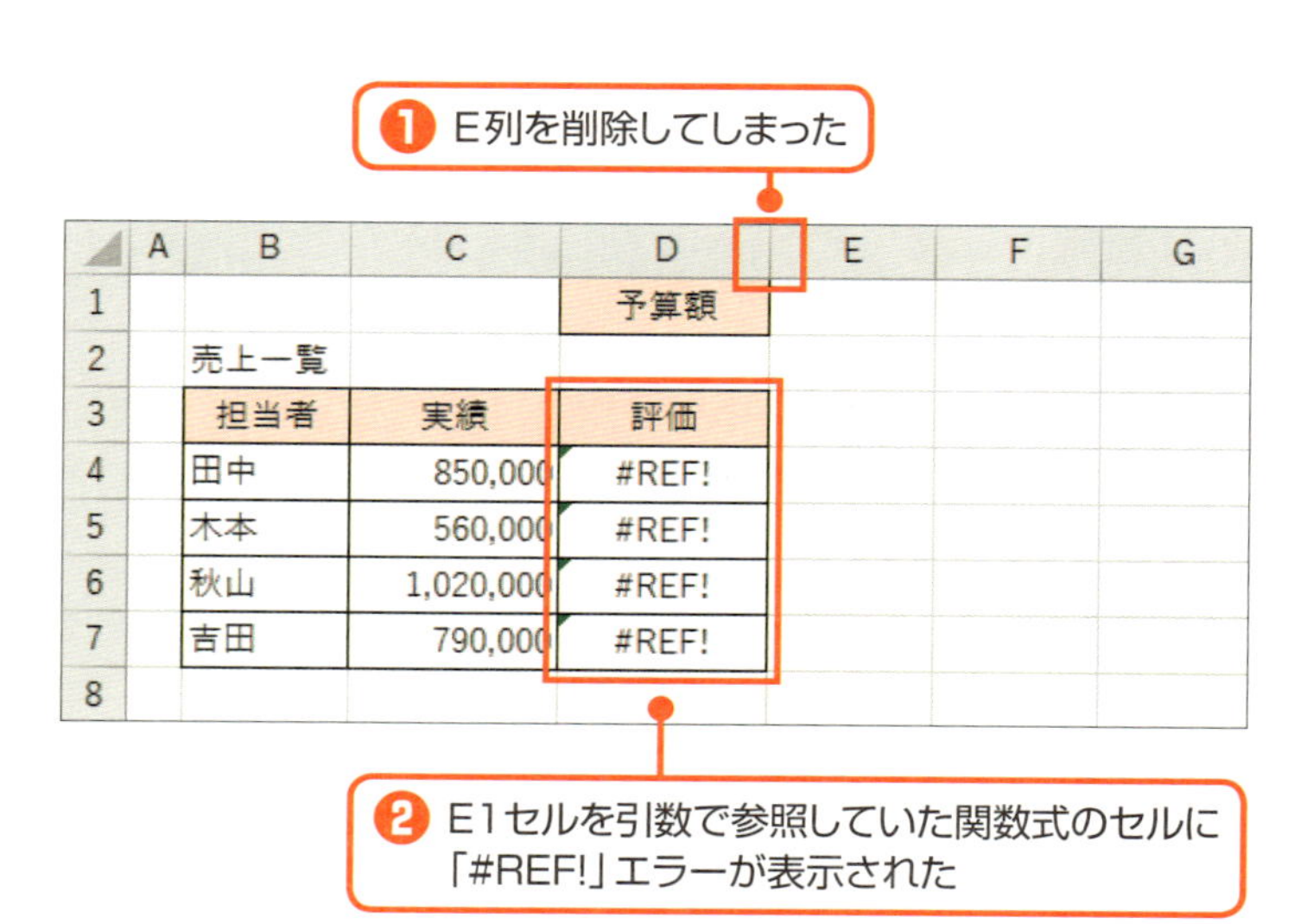

5章

応用編
関数組み合わせ

SECTION 25

1つのセルの中に、2つの関数を同時に使ってみよう

プラスα

「関数は1つのセルに1つだけ」ではない

5章では、複数の関数を組み合わせて使う上級技に挑戦したい。左ページの例で1日の平均来店者数を求めてみよう。上の例のように平均を求めるAVERAGE関数の式をC9セルに入力してみると、計算結果が小数になってしまう。そもそも平均は対象となる数値の合計を個数で割って求めるものだ。そのため、割り切れない場合は小数になる。だが、ここで求めるのは人数の平均だから整数にしたい。

小数部分を切り捨てて整数にするには、INT（インテジャー）関数を使おう。まず適当なセルに「=INT(283.5714)」と入力して、Enterキーを押してみてほしい。「283」という整数が戻り値として表示されるはずだ。

今度は、数値ではなく、AVERAGE関数で平均を求める関数式をそのままINT関数の引数に入れてみよう。これは下の例の計算式になる。驚くことに、1つのセルの中で、同時に関数を2つ組み合わせて使うことができるのだ！

AVERAGE関数で求めた平均を整数で表示したい

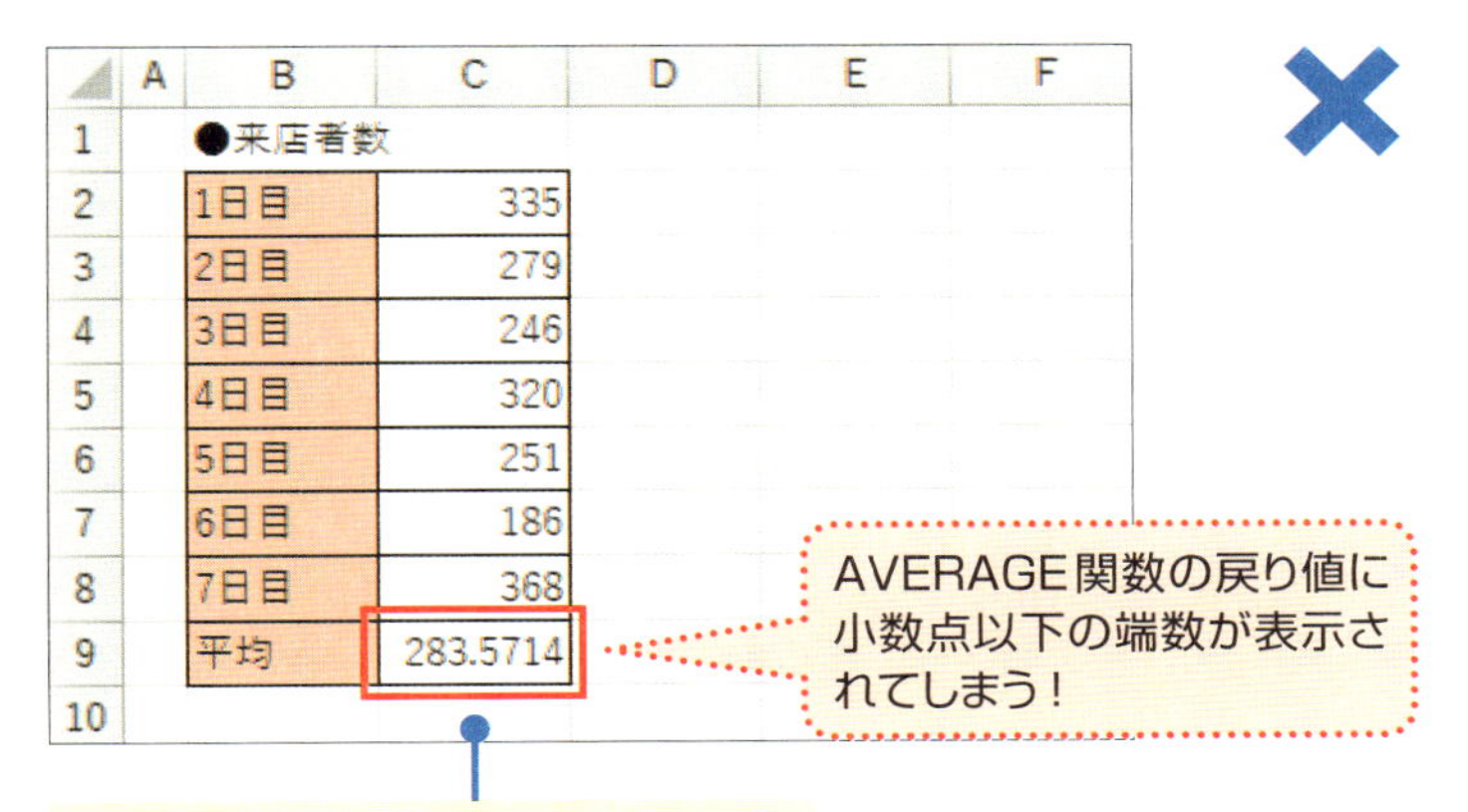

	A	B	C	D	E	F
1		●来店者数				
2		1日目	335			
3		2日目	279			
4		3日目	246			
5		4日目	320			
6		5日目	251			
7		6日目	186			
8		7日目	368			
9		平均	283.5714			
10						

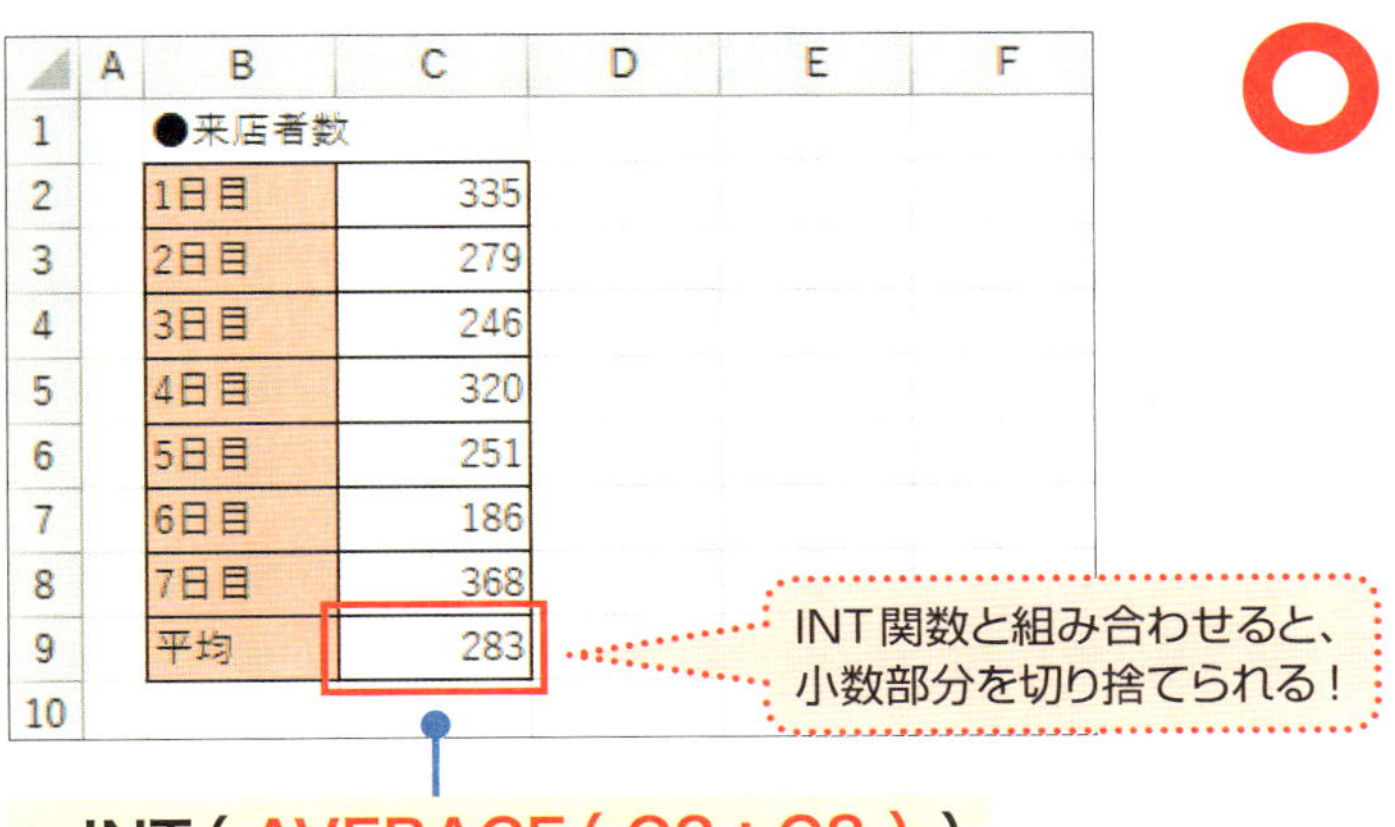

	A	B	C	D	E	F
1		●来店者数				
2		1日目	335			
3		2日目	279			
4		3日目	246			
5		4日目	320			
6		5日目	251			
7		6日目	186			
8		7日目	368			
9		平均	283			
10						

関数の計算結果を別の関数の引数に与える

１３９ページの下の例では、ＩＮＴ関数の引数にＡＶＥＲＡＧＥ関数の式を指定した。こうすればＡＶＥＲＡＧＥ関数で平均を求める処理とＩＮＴ関数で端数を切り捨てる２つの処理を、１つのセルの中で完了できる。

関数の戻り値は四則演算の中で使うことができると74ページで紹介した。それと同様に、**関数の戻り値は別の関数の引数として利用できる**のだ。左ページの例では、ＩＮＴ関数の式を入力したC9セルには、計算結果が「283」となっている。１３９ページの上の例でＡＶＥＲＡＧＥ関数だけを指定した場合は、C9セルには「283.5714」と表示されたので、ＩＮＴ関数はＡＶＥＲＡＧＥ関数の戻り値を引数として正しく利用していることがわかる。

このように、関数の引数部分に別の関数を指定することを、関数の「**ネスト**」と呼ぶ。ネストした関数式は左ページの例のような流れで、カッコの内側から順に計算が実行される。この場合は、ＩＮＴ関数のカッコ内の「AVERAGE（C2：C8）」が先に計算される。ＡＶＥＲＡＧＥ関数で求めたC2からC8セルの平均は「283.5714」だ。次に外側のＩＮＴ関数が計算されるときにはこの戻り値が引数となり、「283」という結果になる。

INT関数の引数に AVERAGE関数の「戻り値」を使う

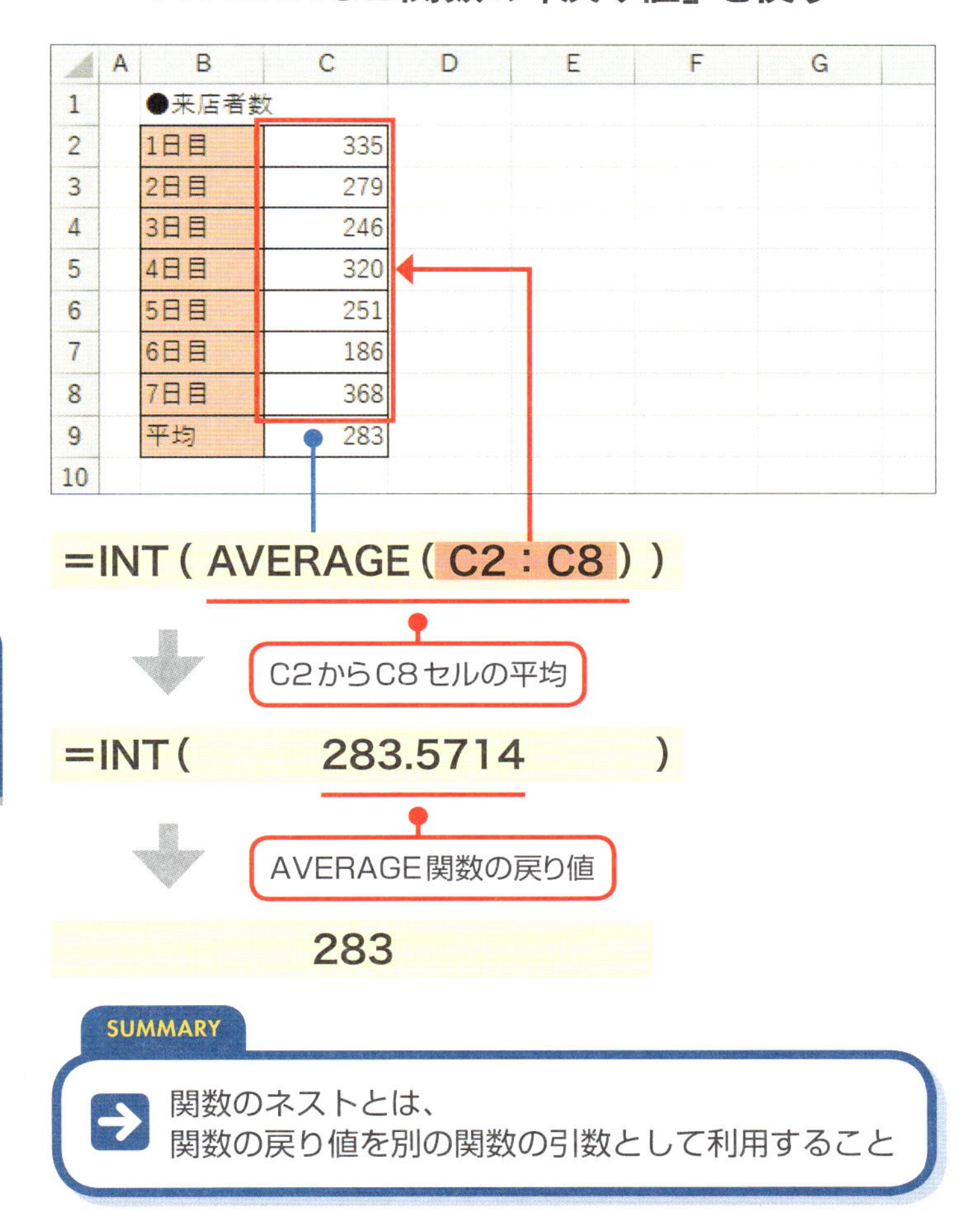

SUMMARY

関数のネストとは、
関数の戻り値を別の関数の引数として利用すること

SECTION 26

AVERAGE関数の計算結果のうち、小数点以下を切り捨てよう

プラスα

小数点以下を切り捨てる関数 INT関数

では、関数をネストさせる具体的な操作をマスターしよう。細かいポイントを確認しながら、ＩＮＴ関数の引数にＡＶＥＲＡＧＥ関数をネストさせる操作を解説する。

ＩＮＴ関数を挿入する方法は、通常の関数の入力と同じだ。関数を入力したいセルをクリックして、数式バー左側の「Ｆｘ」ボタンをクリックする。関数を検索するための「関数の挿入」ダイアログボックスが開いたら、「int」と関数名を入力して検索して、見つかった候補からＩＮＴ関数を選んで「ＯＫ」をクリックすればよい。

これでＩＮＴ関数の「関数の引数」ダイアログボックスが開く。引数の欄は1つだけだ。この欄に小数部分を切り捨てたい数値を指定する。なお、指定の仕方には、数値を直接「145.36」のように入力する場合や、対象となる数値が入力されたセル番地を「B3」のように指定する場合がある。ここでは、「ＡＶＥＲＡＧＥ関数を使って求める平均」が対象となるので、ＡＶＥＲＡＧＥ関数の式を指定する。

INT関数を入力する

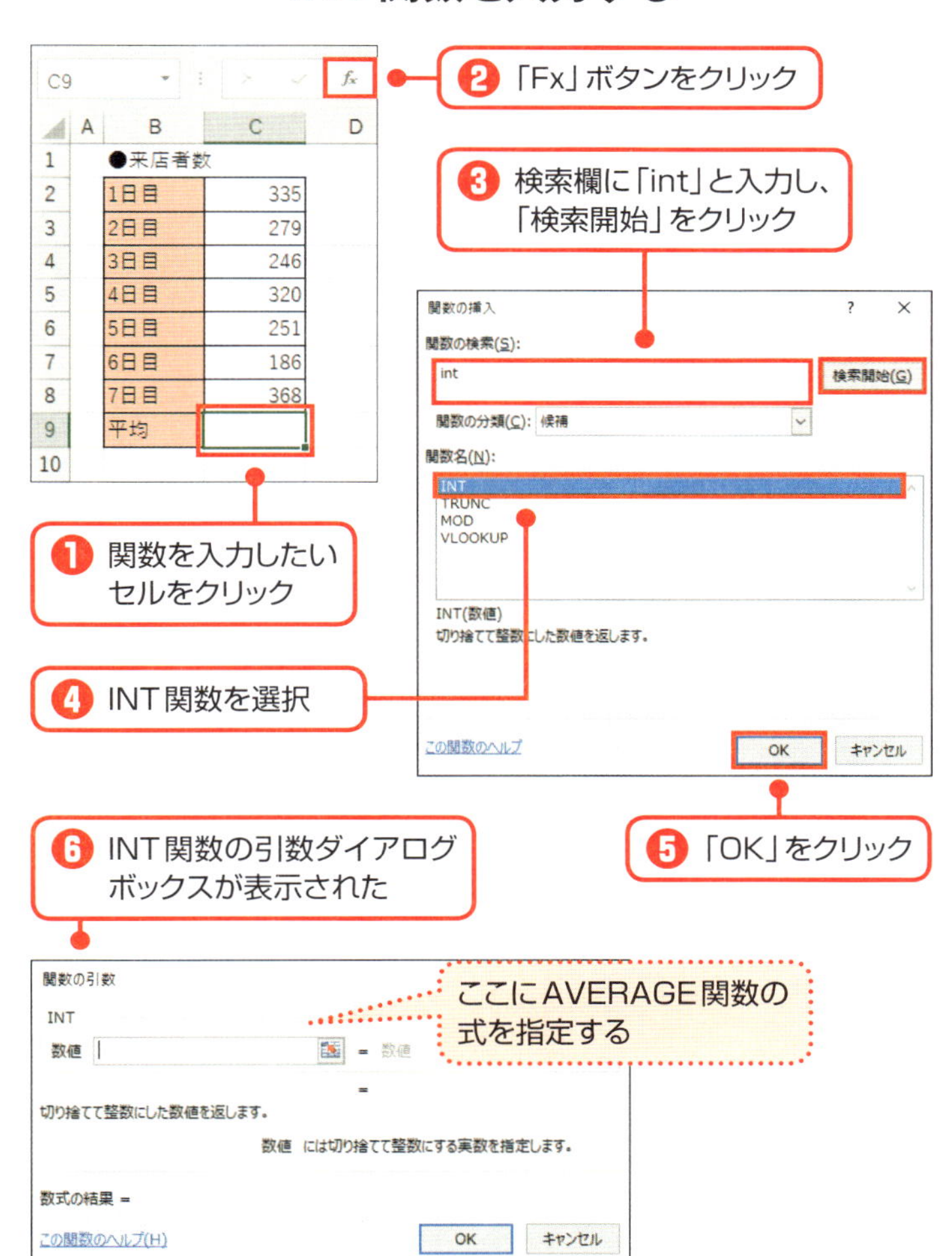
C9
A B C D
1 ●来店者数
2 1日目 335
3 2日目 279
4 3日目 246
5 4日目 320
6 5日目 251
7 6日目 186
8 7日目 368
9 平均
10
❶ 関数を入力したいセルをクリック
❷「Fx」ボタンをクリック
❸ 検索欄に「int」と入力し、「検索開始」をクリック
関数の挿入
関数の検索(S):
int
検索開始(G)
関数の分類(C): 候補
関数名(N):
INT
TRUNC
MOD
VLOOKUP
INT(数値)
切り捨てて整数にした数値を返します。
この関数のヘルプ
OK
キャンセル
❹ INT関数を選択
❺「OK」をクリック
❻ INT関数の引数ダイアログボックスが表示された
関数の引数
INT
数値
= 数値
=
切り捨てて整数にした数値を返します。
数値 には切り捨てて整数にする実数を指定します。
数式の結果 =
この関数のヘルプ(H)
OK
キャンセル
ここにAVERAGE関数の式を指定する

関数ダイアログボックスを使って2つの関数を入力する

１４３ページの手順が終わると、ＩＮＴ関数の「関数の引数」ダイアログボックスが表示される。ここから関数をネストさせる操作に入ろう。ここでは、ＩＮＴ関数の引数にＡＶＥＲＡＧＥ関数を指定する。

ＩＮＴ関数の引数欄にカーソルが表示されたことを確認して、数式バーの左端を見てみる。**「INT」と表示された欄の右側の▼ボタンをクリックすると、関数のリストが表示される**。リストの一番下にある「その他の関数」を選択すると、「関数の挿入」ダイアログボックスが開く。ここで、ＡＶＥＲＡＧＥ関数を検索して「ＯＫ」をクリックすると、「関数の引数」ダイアログボックスの内容がＡＶＥＲＡＧＥ関数のものに変わる。あとは平均を求めたいセルをドラッグすると、引数欄にセル番地が入る。

ＡＶＥＲＡＧＥ関数の指定が済んだら、そのままダイアログボックスで「ＯＫ」をクリックしてはいけない。ＡＶＥＲＡＧＥ関数はネストした内側の関数なので、いったん外側の関数に戻り、残りの設定を完了させる必要がある。それには、数式バーに表示された外側の関数名（ここでは「INT」）の部分をクリックする。これでダイアログボックスの表示が、外側の関数の内容に戻る。

INT関数の引数にAVERAGE関数を指定する

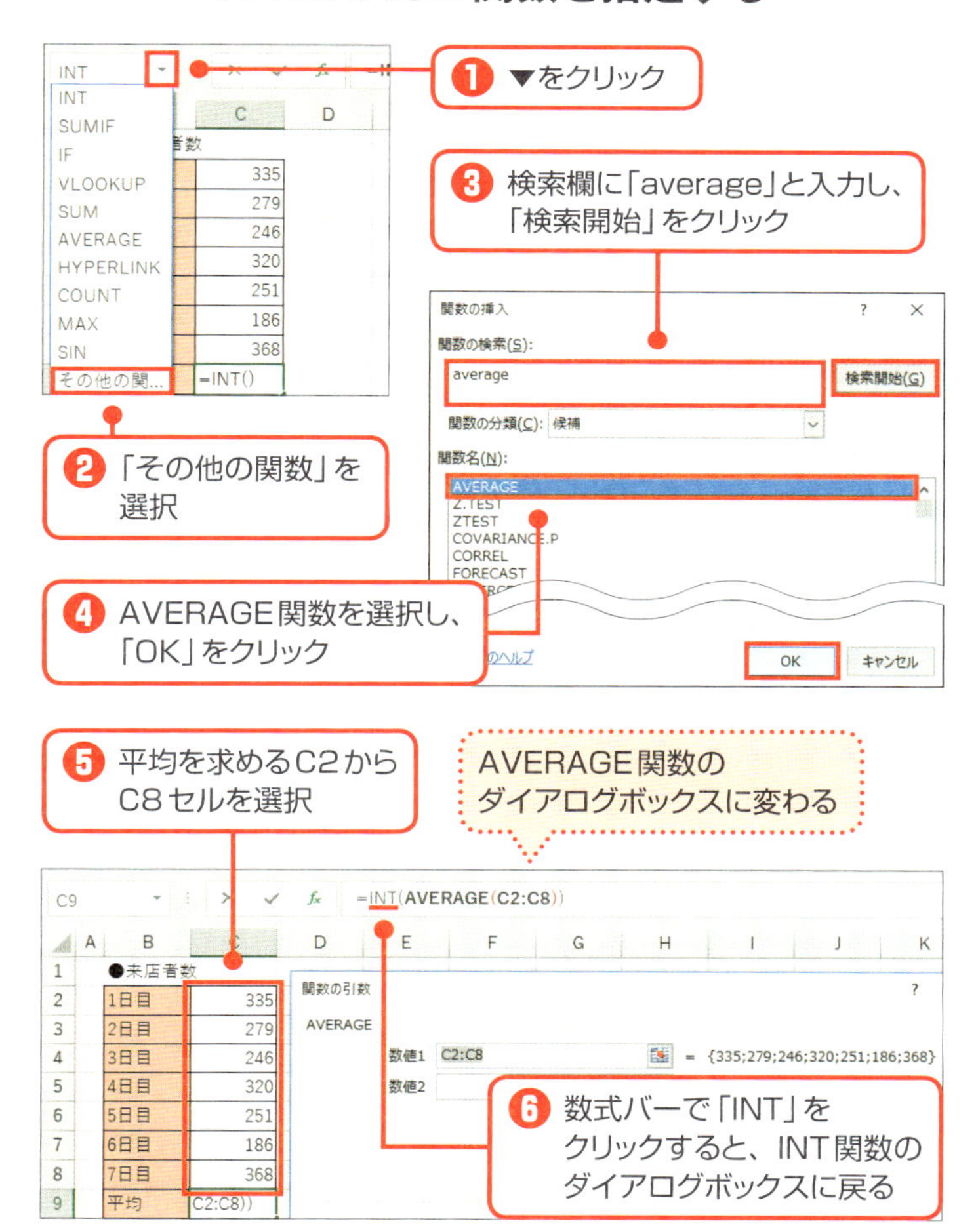

関数を組み合わせた式の意味を理解する

１４５ページまでの操作が終わると、「関数の引数」ダイアログボックスの表示がＩＮＴ関数の内容に戻る。左ページの上の例で改めて引数欄を見てほしい。ネストした関数の式が「AVERAGE(C2：C8)」と表示されているはずだ。

なお、この部分はキーボードから直接入力してもよい。ただし、その場合は、引数を囲むカッコ「()」、セル範囲を表す「：」など、記号の入力ミスや入れ忘れに十分な注意が必要だ。たとえば閉じカッコ「)」の入力をうっかり忘れただけで、入力した数式全体がエラーになってしまう。１４５ページのように操作すれば、直接入力することなく、安全に関数をネストさせることができる。慣れないうちは必ず利用しよう。

ちなみに、「関数の引数」ダイアログボックスの引数欄の右に見える「283.5714286」という数字は、ＡＶＥＲＡＧＥ関数の戻り値だ。引数欄に入力したＡＶＥＲＡＧＥ関数が実行されると、いったんこの戻り値が引数欄に返されると考えるとわかりやすい。「ＯＫ」をクリックしてＩＮＴ関数の引数ダイアログボックスを閉じると、戻り値「283.5714286」の小数部分が切り捨てられ、その結果が、今度はＩＮＴ関数の戻り値として「283」と表示されるのだ。

INT関数の引数にAVERAGE関数を指定できた

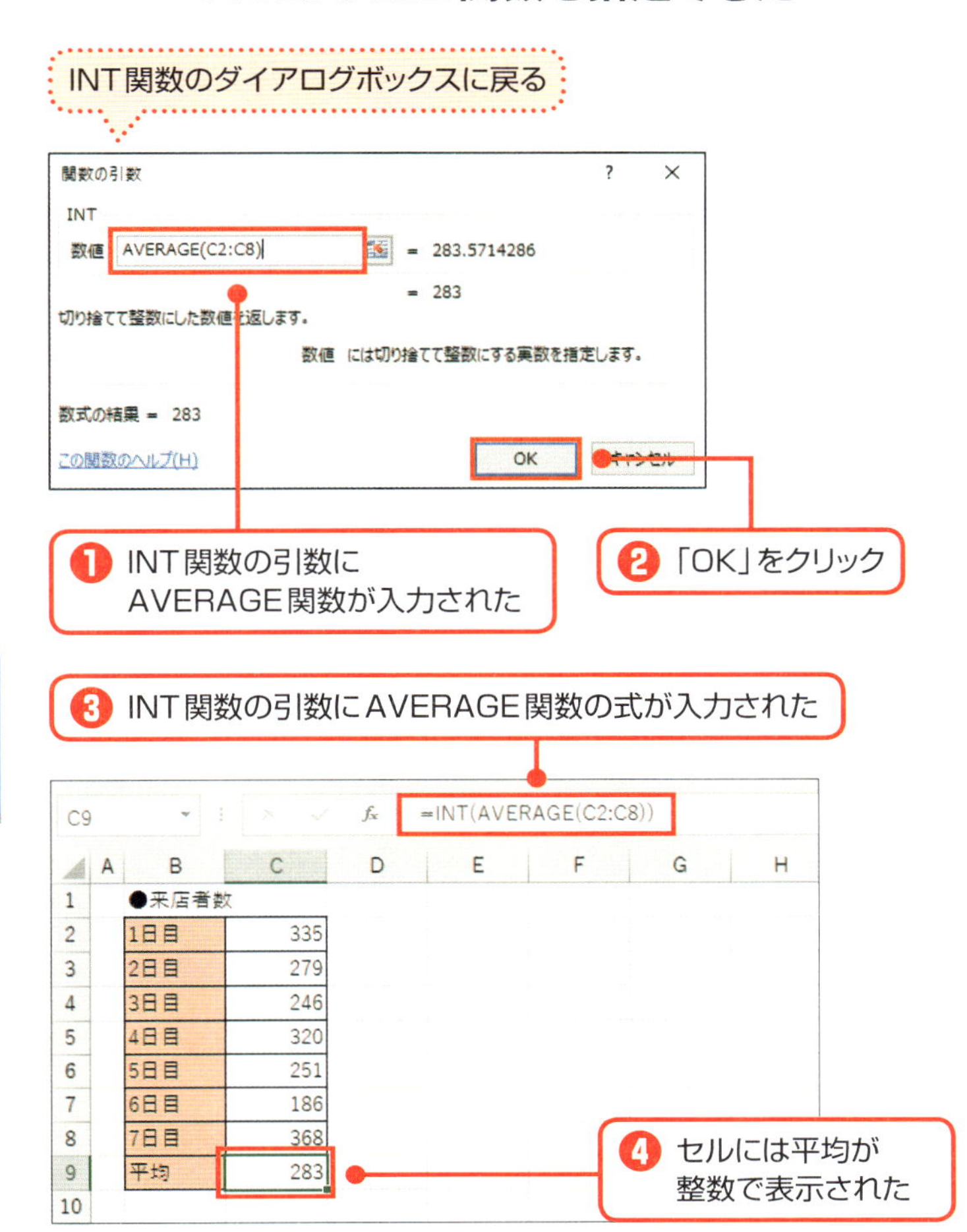

SECTION 27

プラスα

AVERAGE関数の計算結果のうち、小数点の桁数を指定して切り上げよう

切り上げを行う関数　ROUNDUP関数

次に、AVERAGE関数で求めた平均人数を、今度は十の位まで表示してみよう。このとき端数は切り上げとする。「283」なら「290」人となるわけだ。

表示させる桁を自由に指定して数値の端数を切り上げる場合は、ROUNDUP（ラウンドアップ）関数を使う。対象となる数値はC2からC8セルの平均なので、今度はROUNDUP関数の中にAVERAGE関数をネストさせよう。

左ページの例の手順でROUNDUP関数をC9セルに挿入して、「関数の引数」ダイアログボックスを表示する。ROUNDUP関数は「数値」と「桁数」の2つの引数を指定する関数だ。このうち「数値」に対象となる数値のセルを指定するので、ここにAVERAGE関数の式をネストしよう。「数値」の欄をクリックして、数式バーの左にある▼ボタンをクリックし、一覧から「AVERAGE」を選択する。リストには、最近使った関数の履歴が表示されるので、そこから関数を選択してもよい。

ROUNDUP関数で平均を十の位まで求める

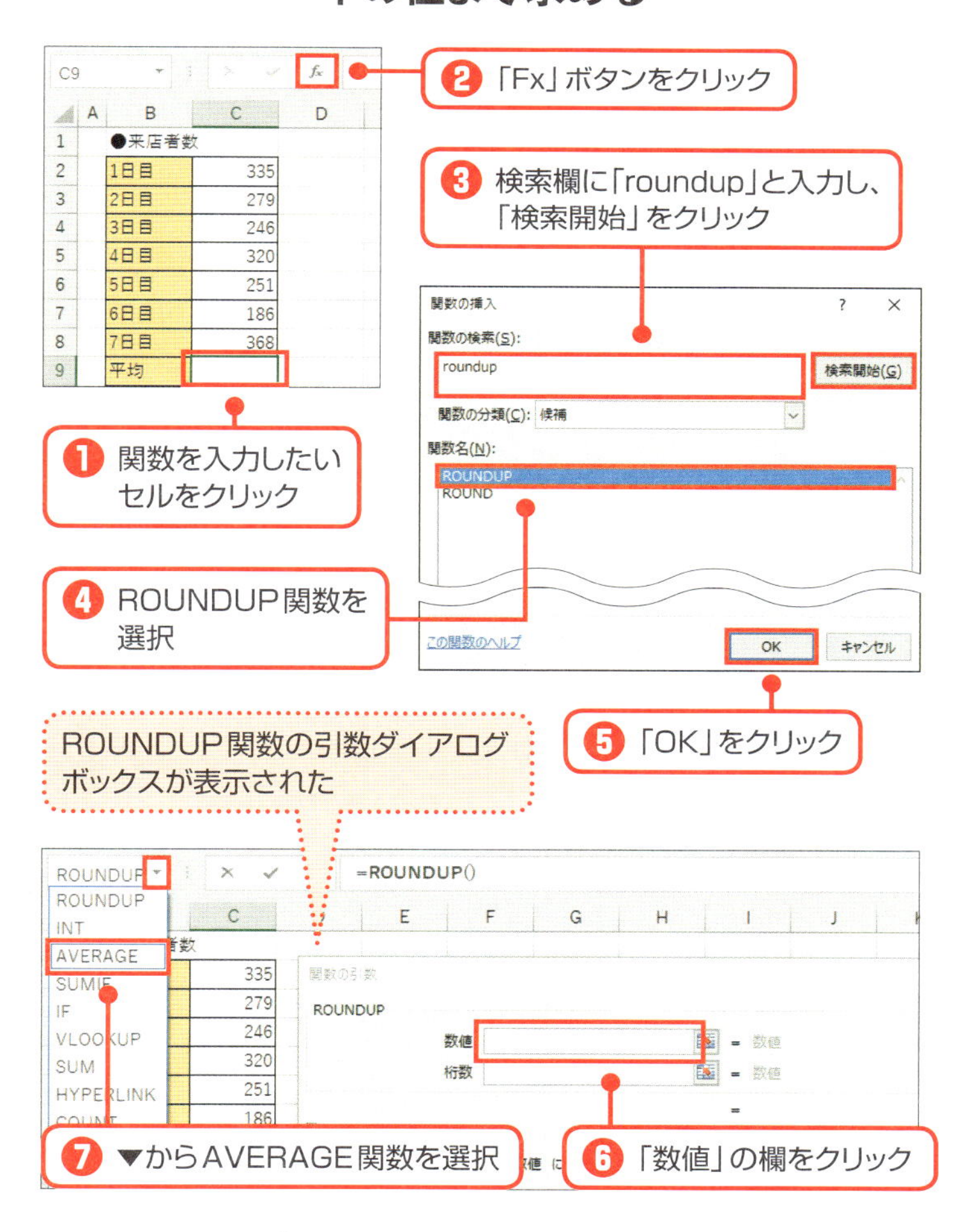

AVERAGE関数とROUNDUP関数を組み合わせる

ネストの操作を続ける。数式バー左側のリストから「AVERAGE」をクリックすると、「関数の引数」ダイアログボックスの中身は、AVERAGE関数に変わる。

ここで、平均を求めたいセル範囲をドラッグして選択する。C2からC8セルの番地が引数欄に表示されるのを確認したら、ネストの外側にあるROUNDUP関数に戻ろう。数式バーに表示された式の中に見える関数名「ROUNDUP」の部分をクリックすると、「関数の引数」ダイアログボックスがROUNDUP関数の内容に戻る。

ROUNDUP関数には引数が2つある。最初の引数「数値」にはAVERAGE関数の式が設定済みだ。次に引数「桁数」に、端数を処理した結果、どの桁までを表示するのかを数値で指定する。小数部分を切り上げて整数にする、つまり「一の位まで」を表示する場合は、「0」と入力する。これを基点に「十の位まで」、「百の位まで」と末尾の桁が大きくなれば「1」ずつ減らし、反対に「小数点以下第一位まで」、「小数点以下第二位まで」と桁が小さくなれば「1」ずつ増やす。ここでは十の位までを表示するので「-1」と入力すればよい。以上で設定は完了だ。「OK」をクリックすると、セルには戻り値が「290」と表示される。

ROUNDUP関数にAVERAGE関数をネストする

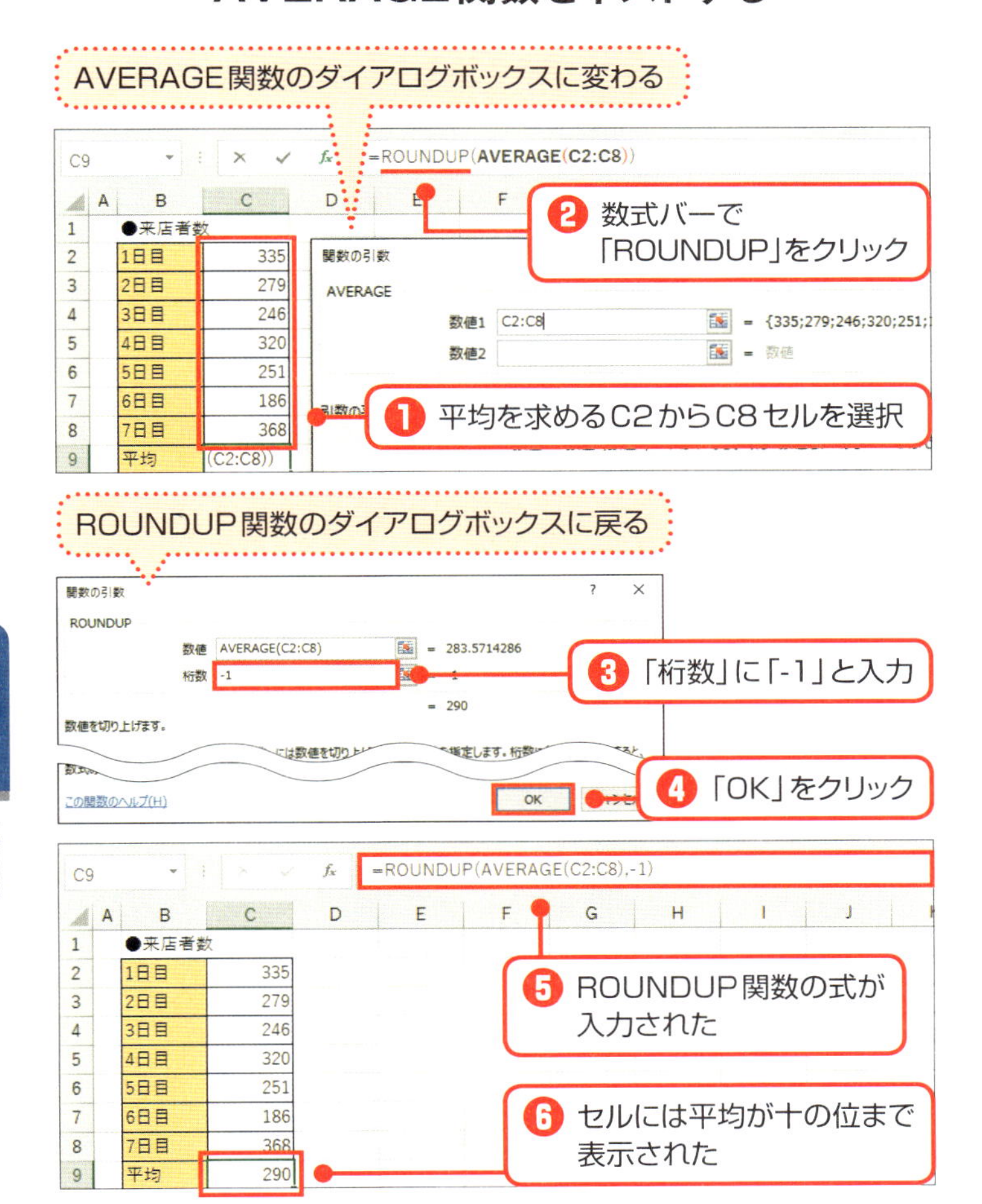

SECTION 28

SUM関数の計算結果をIF関数の条件に使おう

プラスα

関数の実行結果を使って条件分けを行う

左ページの例では、各担当者の売上実績が月別に入力されている。この月別実績の合計とF1セルに入力された予算額を比較して、実績が予算以上なら「達成」、そうでない場合は「未達」と評価欄に表示させてみる。

これには、条件に応じてセルの表示を切り替えるIF関数と4月から6月までのセルの数値を合計するSUM関数の2つを使う。F3セルにIF関数の式を入力して、その最初の引数である判定条件の部分にSUM関数の式をネストさせるしくみだ。

左ページの例で見てみよう。IF関数の最初の引数は「SUM(C3:E3)>=$F$1」とある。これは、「SUM関数でC3からE3セルの数値を合計して、その結果がF1セルの値以上である」という意味だ。「$F$1」は予算額を入力したセルを指す。実際にC3からE3セルの数値を合計すると「669,000」となり、これはF1セルに入力された「800,000」よりも小さい。条件を満たさないため、F3セルには「未達」と表示される。

SUM関数の計算結果をIF関数の条件に使う

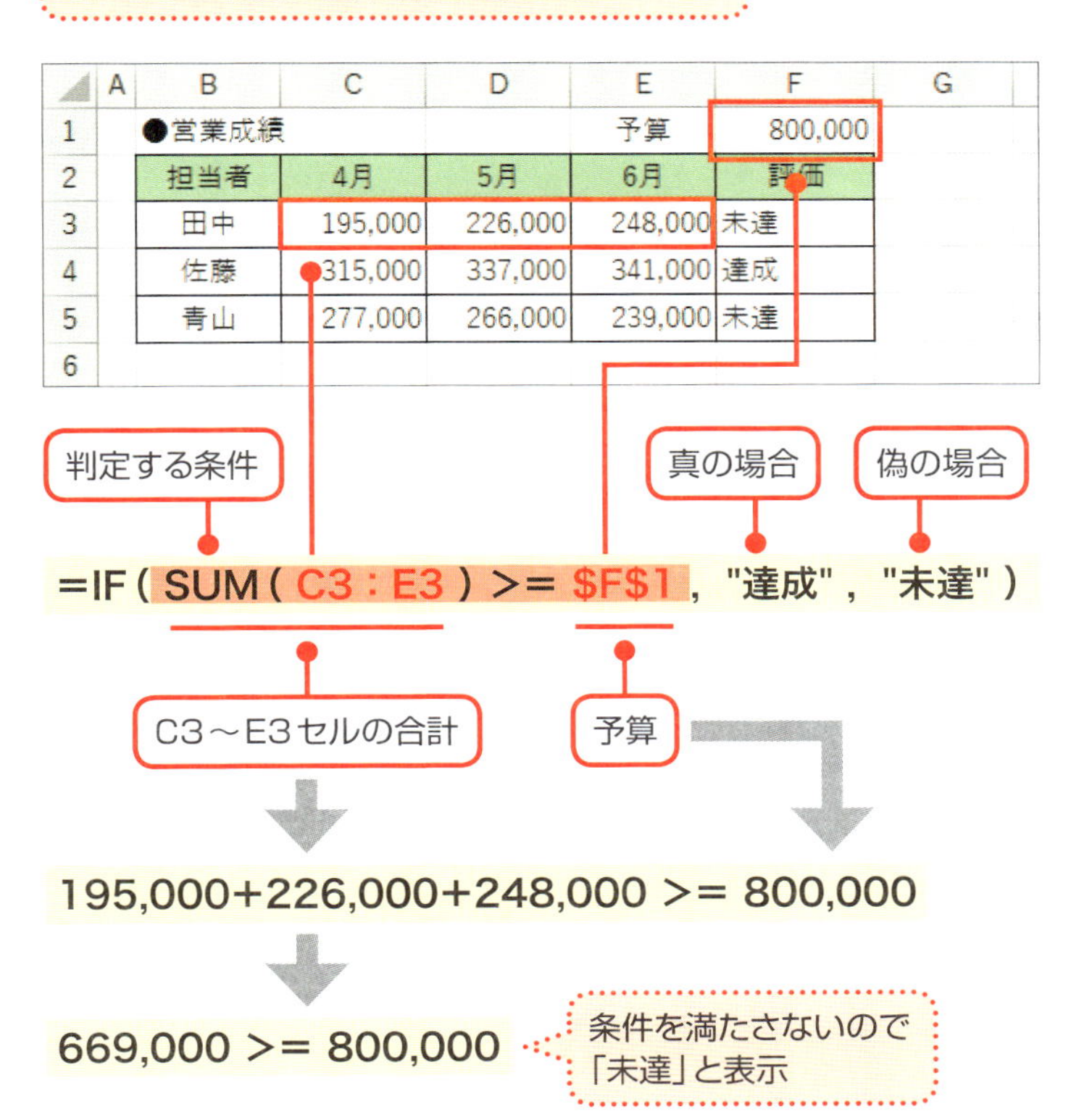

SUM関数とIF関数を組み合わせる

実際に153ページの関数式を入力してみよう。114ページの手順でF3セルにIF関数を挿入しよう。IF関数の引数ダイアログボックスが開いたら、最初の引数「論理式」の欄をクリック。続いて数式バー左の▼をクリックして、一覧から「SUM」を選び、ネストするSUM関数を入力する。一覧にSUM関数がない場合は、一番下の「その他の関数」をクリックして、144ページの要領でSUM関数を挿入できる。

ダイアログボックスがSUM関数の内容に変わったら、最初の担当者の売上実績が入力されたC3からE3セルをドラッグする。引数欄には同じセル範囲が「C3：E3」と表示されるはずだ。確認できたら、SUM関数の指定は終了だ。数式バーに表示された関数式の「IF」の部分をクリックして、IF関数のダイアログボックスに戻る。

IF関数のダイアログボックスが再び表示されたら、忘れずに論理式の後半部分を入力する。「C3からE3セルの合計がF1セルの予算額以上である」という条件なので、すでに挿入されたSUM関数の式の後ろに、「>=」を入力して、予算額が入力されたF1セルを指定する。ただし、**予算額はどのセルからも常にこのF1セルを参照するため、「$F$1」と絶対参照にしておこう。**

IF関数にSUM関数をネストする

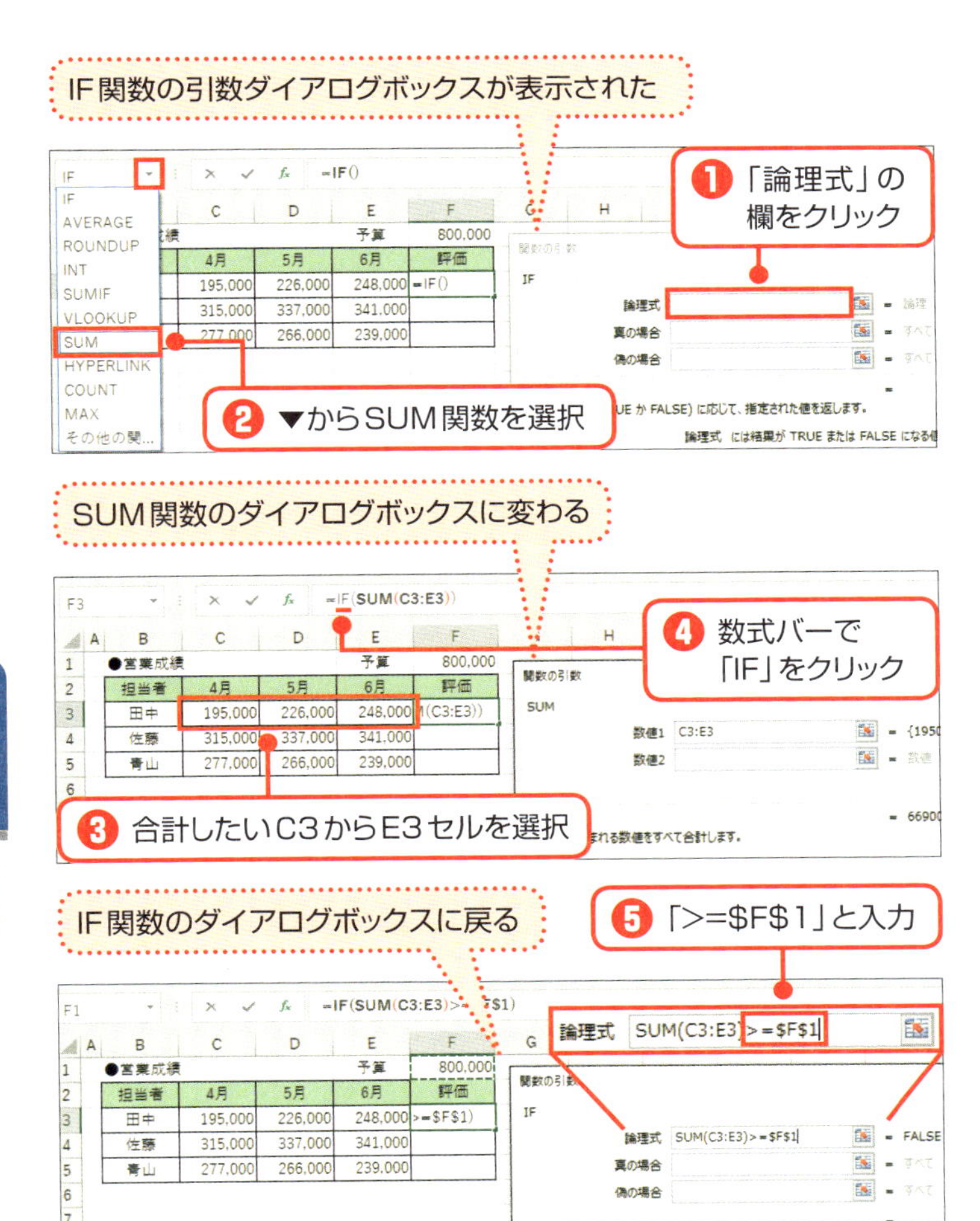

5章

応用編 関数組み合わせ

実行結果を見て引数の意味を理解する

ＩＦ関数の引数の指定を仕上げよう。「関数の引数」ダイアログボックスを見ると、155ページまでの操作で、最初の引数「論理式」の欄には、ＳＵＭ関数がネストされた「SUM(C3:E3)>=$F$1」という式が入力済みだ。入力した条件は、「ＳＵＭ関数で求めたC3からE3セルまでの合計金額がF1セルの予算額以上である」という意味になる。

「論理式」の指定は済んだが、「真の場合」と「偽の場合」の欄はまだ空欄になっている。「真の場合」は「論理式」に指定した条件が成り立つ際にセルに表示される言葉を、「偽の場合」には条件が不成立の際に表示される言葉を、それぞれ指定する決まりだったことを思い出そう。左ページの上の例のように、「真の場合」の欄には「達成」、「偽の場合」の欄には「未達」とそれぞれ入力すればよい。

「ＯＫ」を押してダイアログボックスを閉じれば、ＩＦ関数の入力が完了する。続けてF3セルの数式を下にコピーしよう。隣接するセルへのコピーには、90ページで紹介したオートフィル操作を使う。F3セルを選び、右下角にポインターを合わせて下に2行ドラッグする。これでF4セルとF5セルにＩＦ関数の数式がコピーされ、それぞれの担当者の評価が正しく表示される。

IF関数の入力を完成させる

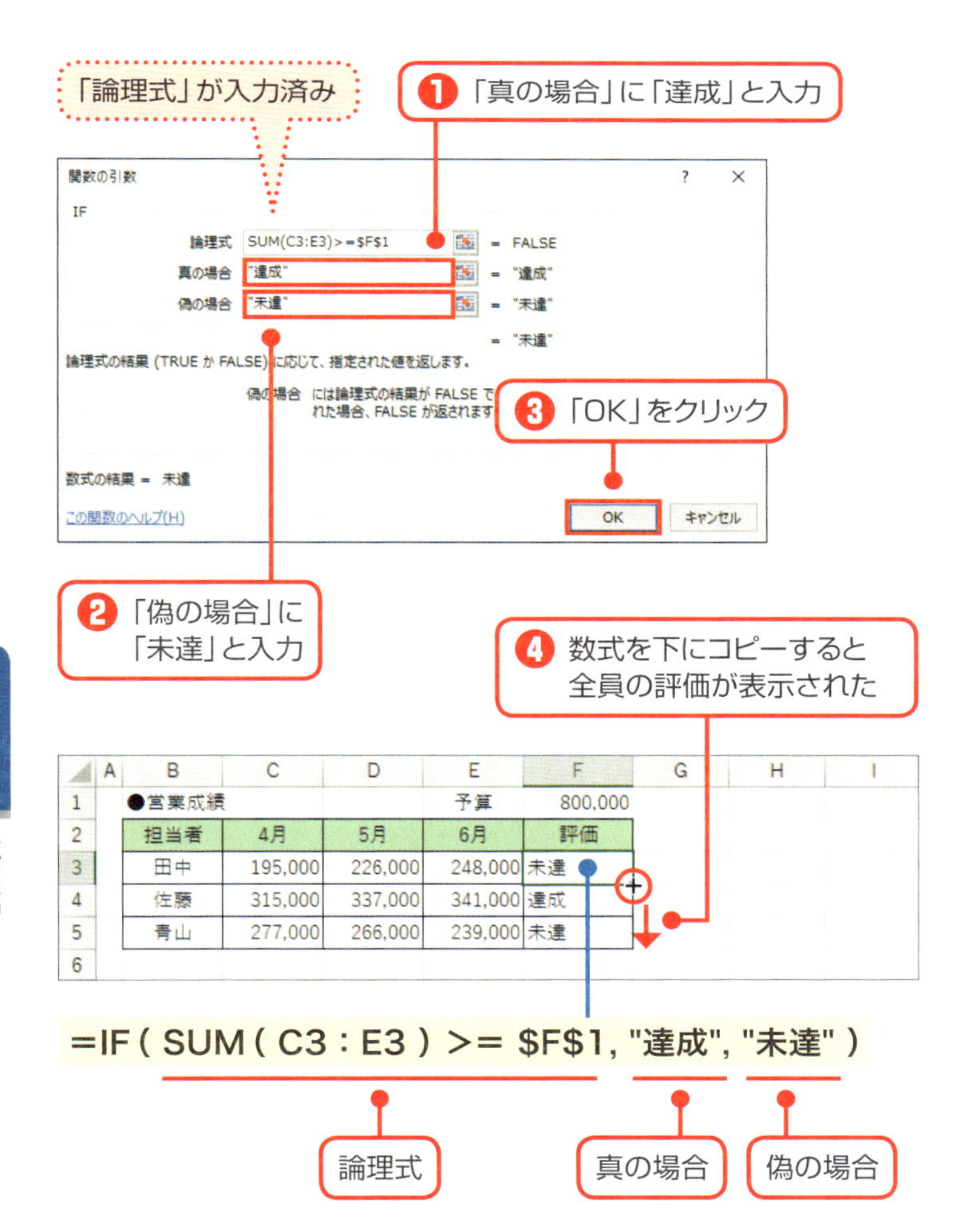

COLUMN

「#N/A」と表示された

ＶＬＯＯＫＵＰ関数のような、表からデータを検索するタイプの関数を入力すると、「#N/A」というエラーがセルに表示されることがある。これは、検索に使うコード番号が参照先の表に存在しないため、検索自体ができないことを示すエラーだ。下の例では、商品コード「105」の商品の情報を商品リストに追加すれば、該当する商品名が検索され、C4セルに表示されるようになる。

なお、VLOOKUP関数を学習したいと思った読者は、本書の姉妹書「スピードマスター 1時間でわかる エクセルVLOOKUP関数」を参考にしてほしい。

「105」は商品リストに登録されていないので
商品名を探して表示できない

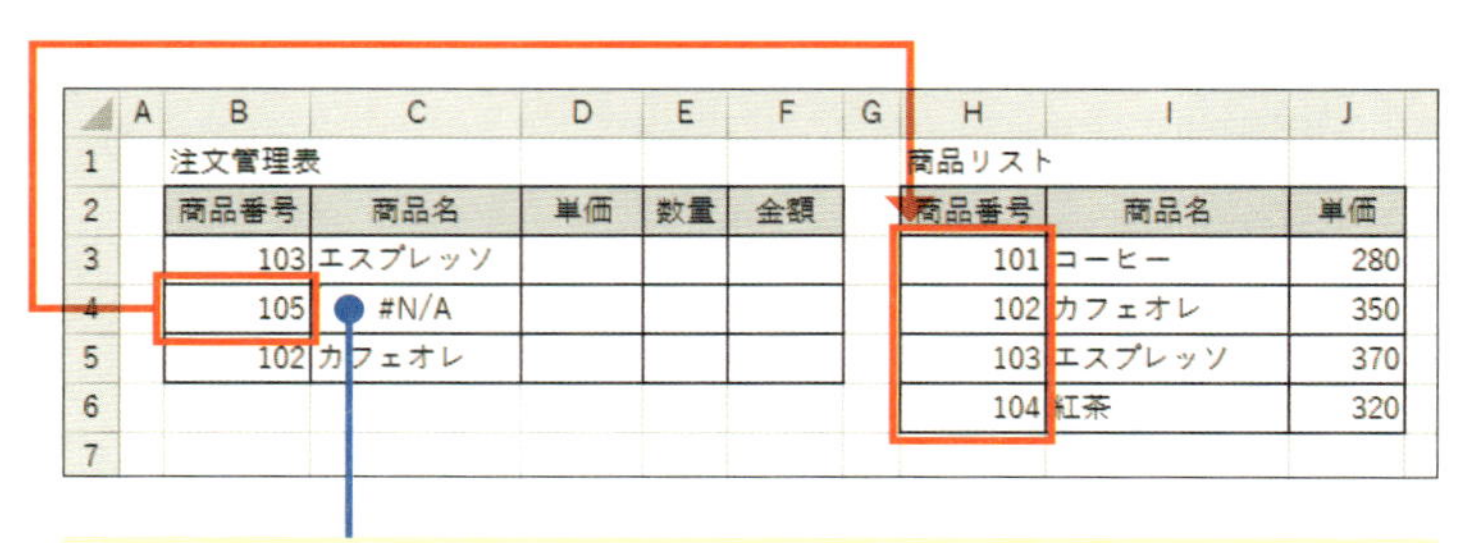

	A	B	C	D	E	F	G	H	I	J
1		注文管理表						商品リスト		
2		商品番号	商品名	単価	数量	金額		商品番号	商品名	単価
3		103	エスプレッソ					101	コーヒー	280
4		105	#N/A					102	カフェオレ	350
5		102	カフェオレ					103	エスプレッソ	370
6								104	紅茶	320
7										

=VLOOKUP(B4, $H$3 : $J$6, 2, FALSE)

索引

記号

英字

あ・か行

さ行

な・は・ま行

お問い合わせについて

本書に関するご質問については、本書に記載されている内容に関するもののみとさせていただきます。本書の内容と関係のないご質問につきましては、一切お答えできませんので、あらかじめご了承ください。また、電話でのご質問は受け付けておりませんので、必ずFAXか書面にて下記までお送りください。
なお、ご質問の際には、必ず以下の項目を明記していただきますようお願いいたします。

1 お名前
2 返信先の住所またはFAX番号
3 書名
（スピードマスター　1時間でわかる
エクセル関数
仕事の現場はこれで充分！）
4 本書の該当ページ
5 ご使用のOSとソフトウェアのバージョン
6 ご質問内容

なお、お送りいただいたご質問には、できる限り迅速にお答えできるよう努力いたしておりますが、場合によってはお答えするまでに時間がかかることがあります。また、回答の期日をご指定なさっても、ご希望にお応えできるとは限りません。あらかじめご了承くださいますよう、お願いいたします。
ご質問の際に記載いただきました個人情報は、回答後速やかに破棄させていただきます。

問い合わせ先

〒162-0846
東京都新宿区市谷左内町21-13
株式会社技術評論社　書籍編集部
「スピードマスター　1時間でわかる
エクセル関数
仕事の現場はこれで充分！」
質問係
FAX：03-3513-6167
URL：http://book.gihyo.jp

■ お問い合わせの例

FAX

1 お名前
技術　太郎
2 返信先の住所またはFAX番号
03-XXXX-XXXX
3 書名
スピードマスター　1時間でわかる
エクセル関数　仕事の現場はこれで充分！
4 本書の該当ページ
121ページ
5 ご使用のOSとソフトウェアのバージョン
Windows 10
Excel 2016
6 ご質問内容
「関数の引数」ダイアログボックスが開かない

スピードマスター　1時間でわかる
エクセル関数
仕事の現場はこれで充分！

2017年1月25日　初版　第1刷発行

著　者●木村幸子
発行者●片岡　巌
発行所●株式会社　技術評論社
東京都新宿区市谷左内町21-13
電話　03-3513-6150　販売促進部
03-3513-6160　書籍編集部
編集●土井　清志
装丁／本文デザイン●クオルデザイン　坂本真一郎
DTP●技術評論社　制作業務部
製本／印刷●株式会社　加藤文明社

定価はカバーに表示してあります。

落丁・乱丁がございましたら、弊社販売促進部までお送りください。
交換いたします。本書の一部または全部を著作権法の定める範囲を超え、無断で複写、複製、転載、テープ化、ファイルに落とすことを禁じます。

©2017　技術評論社

ISBN978-4-7741-8614-6 C3055
Printed in Japan